世界奇鸟大观
令人惊叹的41种鸟类生存之道

[英]多米尼克·库森◎著　沈汉忠　李思琪◎译

清华大学出版社
北京

北京市版权局著作权合同登记号　图字：01-2019-7443

图书在版编目（CIP）数据

世界奇鸟大观：令人惊叹的41种鸟类生存之道 /（英）多米尼克·库森（Dominic Couzens）著；沈汉忠，李思琪
译.—北京：清华大学出版社，2021.1
　　书名原文：Tales of Remarkable Birds
　　ISBN 978-7-302-56446-1

　　Ⅰ.①世…　Ⅱ.①多…　②沈…　③李…　Ⅲ.①鸟类－普及读物　Ⅳ.①Q959.7-49

中国版本图书馆CIP数据核字（2020）第178382号

责任编辑：肖　路
封面设计：施　军
责任校对：赵丽敏
责任印制：丛怀宇

出版发行：清华大学出版社
　　　　网　　　址：http://www.tup.com.cn, http://www.wqbook.com
　　　　地　　　址：北京清华大学学研大厦A座　　　　邮　　编：100084
　　　　社 总 机：010-62770175　　　　　　　　　　邮　　购：010-62786544
　　　　投稿与读者服务：010-62776969, c-service@tup.tsinghua.edu.cn
　　　　质量反馈：010-62772015, zhiliang@tup.tsinghua.edu.cn
印 装 者：小森印刷（北京）有限公司
经　　销：全国新华书店
开　　本：210mm×260mm　　　　印　张：14　　字　数：206千字
版　　次：2021年1月第1版　　　　印　次：2021年1月第1次印刷
定　　价：128.00元

产品编号：085182-01

引言

这是一本介绍世界各地鸟类行为的书,但书中所及不过冰山一角。鸟类有着各种各样的办法来解决生活中遇到的各种考验。如果要把这些本领都涵盖在内,本书恐怕需要好几卷才能完成。正如餐前甜点是为了让食客更有胃口,本书的目的也是期望读者能够由此阅读更多相关书籍、上网浏览或到野外观察,从而更加深入了解世界上的各种鸟类。也许你的下一个发现,就来自你家的后院。

我是如何选择反映鸟类生活多样性和复杂性的内容呢?主要基于以下3个标准:一是要在世界范围内具有代表性,二是要涵盖鸟类行为的方方面面(迁徙、饲养、孵化等),三是我个人的喜好。我尽量避免挑选我们英国人耳熟能详的故事,毕竟这些内容都没什么新意。也因此,书中有一些内容有点晦涩难懂,这一点我必须要坦诚。

本书分为8个章节,以确保书中涉及的鸟类有着广泛的地理分布。大多数章节中的鸟类是按照其生物地理分布特征描述的:北美洲(近北极)、南美洲(新热带)、撒哈拉以南的非洲(非洲热带)、大洋洲和南极。由于欧洲的鸟类研究达到了很高的水平,所以为了方便起见,我将欧洲单独作为一个地理章节来对待。另外古北区的物种故事归在了亚洲章节中,而世界各地的岛屿则单独归为一个章节。

尽管许多耳熟能详的故事在很大程度上反映了某些鸟类行为的地理分布十分广泛,但在可能的情况下,我还是会描述某些地区特有的现象。例如,新热带地区有的鸟类会紧紧跟随行军蚁群;而在澳大利亚,鸟类群居的比例比其他地区高得多。你可能还会说,雌雄对唱在非洲特别常见;而成鸟放弃孵卵,让卵在自然环境中独立孵化,这样的现象几乎只在大洋洲才见得到。不过,鸟类的大多数行为并不受其地理位置限制。

描绘全球鸟类行为的书不仅需要覆盖完整的地理范围,还要从鸟类学上解

对页:一只灰头信天翁正在保护它的后代免遭头顶上方贼鸥的威胁。

释各种类型的鸟类行为。这几乎是一个永远无法完成的任务，因为在鸟类生物学下面还有诸多分支（如繁殖），以及分支的分支。事实上，鸟类行为学研究的范围大得让人束手无策——你该从哪里入手呢？在本书的写作过程中，我把鸟类生活分解成几个部分，并且在全书中尽可能多地涵盖所有的内容。我希望读者能惊喜地发现，他们养的宠物在书中某个地方也有描述。

为了让读者对本书所涉及的鸟类行为有一个概念，我将相关内容以索引的方式列出，并在后面注明该行为涉及的物种或它所在的科属。

上图：雄性鸵鸟在鸣叫和展示。

栖息：鹪鹩（欧洲）、杂色澳䴓（澳大利亚）、蜂鸟（南美）

孵卵：凤头黄眉企鹅（南极）、水雉（亚洲）、鸵鸟（非洲）、马利塚雉（岛屿）

筑巢地：云石斑海雀（北美）

杀婴：水雉

群居：白翅澳鸦（大洋洲）、阿拉伯鸫鹛（亚洲）

鸣声：黑鹇（非洲）、白冠带鹀（北美）

对唱／二重唱：黑鹇（非洲）

配偶关系：鹩莺（大洋洲）、西方灰伯劳（欧洲）、信天翁（南极）

性选择：长尾巧织雀（非洲）

求偶展示：大亭鸟（大洋洲）、蓝极乐鸟（群岛）

求偶场：安第斯冠伞鸟（南美）

巢寄生：大斑凤头鹃（欧洲）、维达鸟／紫蓝饰雀（非洲）

亲代抚育：水雉（亚洲）、凤头黄眉企鹅（南极）、云石斑海雀（北美洲）

偏利取食：大盘尾（亚洲）

食物储藏：西方灰伯劳（欧洲）、黑顶山雀（北美）

资源分区：蛎鹬（欧洲）、唐纳雀（南美）

共同觅食：栗翅鹰（北美）

最优化觅食：燕尾鸥（群岛）

跟随蚁群：蚁鸟（南美）

腐食：鞘嘴鸥（南极）

劫巢：巨嘴鸟（南美）

围攻：大盘尾（亚洲）

演化进行时：花蜜鸟（非洲）、美洲燕（北美）

比较生态学：唐纳雀（南美洲）、企鹅（南极）

记忆：黑顶山雀

智力：新喀鸦（群岛）

回声定位：金丝燕（亚洲）

飞行方式：蜂鸟（南美洲）、信天翁（南极）

利足性：交嘴雀（欧洲）

威慑：巨嘴鸟（南美）

迁徙：黄眉柳莺（亚洲）、信天翁（南极）

鸟类与人类：双垂鹤鸵（澳大利亚）、美洲燕（北美）

保护：夏威夷旋蜜雀（群岛）

这个列表看起来包罗万象，但它只是涉及了鸟类生物学当中的皮毛而已。世界上几乎每一种鸟类都有让科学家们眼前一亮的地方，这并不是什么夸张的说法。关键还是在于研究哪一种鸟的哪个方面。你可以用完全相同的书名和索引写同样一本书，然后选取40个与本书完全不同的故事。

本书选取的内容有着强烈的个人偏好，这一点我要解释一下。书中囊括了许多我在野外看到的物种。我可能没有看到具体的行为，但由于见过辉绿花蜜鸟，所以更容易明白它在盘旋时是什么样子。虽然这种选题方式并不科学，但某种程度上也体现了我在鸟类学上的积累。

最后一点，我其实倾向于挑选长得更好看的鸟类，但我是不会为此道歉的。斑腹沙锥和安第斯冠伞鸟都会在求偶场进行展示，那么你会选择哪一种鸟呢？是长着不起眼的褐色羽毛的鸟，还是鲜艳的深红色和黑色的鸟呢？归根结底，书籍既是艺术作品，也是传播的媒介。既然选了阿拉伯鸫鹛，就一定要有蓝极乐鸟；正如灰鹱能以梦幻的身姿飞过大洋，乌信天翁也能迸发出明星般的气质。说到底，一本书是否经受得住读者的考验，关键在于故事选得好不好。因此我不得不抛弃很多素材，但这就是研究鸟类行为的乐趣所在：你发现的越多，就越想进一步探索。这不仅促成了个人发现，也推动了科学进程。

从很多方面来说，本书是对所有科学家和野外工作者、环保工作者和作者的致敬。无论是专业人士还是业余爱好者，他们都在野外发现了不少鸟类和野生动物的新故事。这是一支彼此独立，但又充满好奇心与热情的队伍。本书的内容仅能体现他们杰出工作的冰山一角。他们是这个时代的英雄人物。

最后，我衷心地希望这本书能进一步激发读者对鸟类学的热情。此时此刻，全世界的鸟类和野生动物都需要我们的帮助。我写这本书的时候，伦敦动物学会的一份报告表明，全球野生动物的数量在过去40年里减少了一半。如果这一类书，能在某种程度上点燃一个人的热情，使他愿意为扭转趋势而付诸行动，那这样的书就体现出其价值了。

对页：好斗的大盘尾。

目录

欧洲

鹪鹩
栖息地，不是谁都能拥有

你只需要见过一次鹪鹩（*Troglodytes troglodytes*），就能体会到它的两个特点：一是体型娇小，二是随时保持高度紧张。它娇小的体型，是为了让自己在茂密的植被中能够探入非常小的缝隙和隐秘的通道，而其他鸟类很少会去这些地方。鹪鹩高度紧张的特质体现在它连绵不绝的叫声中。每当你进入鹪鹩的栖息地，还未见到它们的身影时就会听到那焦躁的声音，类似于一连串的"嗒嗒"声。它们能在7秒钟的时间里唱出100多个独立的音符，就像体育评论员在描述百米冲刺结束时的激烈呼喊。鹪鹩的大嗓门是有实际作用的：由于鹪鹩一年四季都要维持自己的领地，它们必须大声鸣唱和鸣叫，让自己显得不那么好惹。只有维护好自己的领地，它们才能顺利地觅食和繁殖。这也导致了冲突和骚动会频繁发生，比如小规模的肢体冲突。

鹪鹩体型娇小、性格焦躁。这两个特性结合在一起，偶尔会导致它们陷入

大麻烦。特别是在寒冷的冬夜，当气温下降到接近冰点，或者遇到大风大雨天，这些鸟儿就惨了。在这种情况下，体型小是很不利的。对于小体型鸟类而言，它们单位体积的表面积相对较大，这意味着热量的流失速度比体型较大的鸟类更快。在寒冷的夜晚，热量的流失是致命的，因为白天储备的脂肪到了晚上就会被迅速消耗掉，往往等不到第二天再来补充。因此在北方寒冷的冬天里，经常发生鹪鹩种群大规模死亡的现象。

不过，有一个方法可以缓解这种热量的流失，那就是和同伴挤在一起过夜。几只鸟儿挤在一起形成一个小群体，它们的表面积与体积之比更小、更有利于保暖，这足以造成生死之别。世界上很多物种都是这样做的。

不过这有一个隐患，就是鹪鹩的性情不太稳定。平日里独来独往的鹪鹩，往往每一只都独占一块领地，对周围的邻居毫不客气。不妨想象一下，如果你在

某天下午和同事发生了一场激烈的争吵，你肯定不会想在几个小时后依偎在争吵对象身边。显然鹪鹩平日里不会求抱抱，除非万不得已。它们善于挤进岩石和墙壁的缝隙以及茂密的植被中。无数个夜晚，它们都是这么过来的。

但如果遭遇严寒，鸟儿们就不得不暂时放下尊严，一起聚集在洞里。曾有数十只鹪鹩聚集的记录——有人在某个巢箱里发现61只鹪鹩，还有人在一个茅草房顶上发现30只鹪鹩在一起栖息。对于任何一种鸟类来说，很难想象挤在这样狭窄的环境中能有什么愉快的体验，尤其对于不喜社交的鹪鹩来说，其中的压力一定特别大。鸟儿们面朝里蜷缩在狭小的空间内，它们的翅膀和尾羽都朝向外边，一层一层地叠在一起，形成一个鸟堆。此时它们的内心一定很绝望。

研究表明，鹪鹩选择聚集的地点都很固定，而且它们会年复一年地重复利用聚居地，而不是从附近随便找一个缝隙钻进去。这就引出了一个有趣的问题：鹪鹩是否提前知道聚居地位置，乃至这个位置已经融入它们的群体记忆中，代代相传了呢？还是说鸟儿们只是单纯地认准了某个洞适合聚居？后者似乎不太可

上图：鹪鹩有强烈的领地意识。清晨，这只雄鸟在一小时内唱了200首曲子。

能，因为据了解，有些鸟儿为了到达正确的地点，会长途飞行2公里。这远远超出了它们的领地范围，而目的地也许是一个很陌生的地方。

事实上，聚集在一起栖息的行为本身就十分不寻常。占领聚集点的个体也是最初发起聚集召唤的那只鸟。只见它在自家地盘上飞来飞去，发出阵阵嘹亮的叫声，仿佛是在打广告招揽同居伙伴一样。也许是听到附近传来这一信号，鸟儿们便接二连三地来到了聚居地的入口。这就产生了一个很奇怪的现象：早些时候或者前一个季节还在彼此剑拔弩张的鹪鹩，现在却在考虑要不要接受对方同床共枕的邀请。

然而，实际发生的情况却略有不同。根据前文所述，你可能会觉得参加夜间聚会的鸟儿会直接到达某个指定的缝隙，然后进入室内找到自己的床位过夜。无论此前彼此有什么深仇大恨，现在都要选择休战。可现实生活并非你想的那样美好。实际情况是，总有些鸟儿会被拒之门外。有证据表明，雌鸟总能够进入庇护所。但有些雄性鹪鹩要么得搏命才进得来，要么就只能被赶走。

目前还不清楚鹪鹩驱逐行为背后的原因。有时候成群的雄鸟会在庇护所的入口处肉搏；有时候某些一根筋的雄鸟会强行闯入；还有的时候，它们会被拒之门外，只能回到自己原来的栖息地。在最后一种情况下，我们能够想象它们的生存机会有多么渺茫。

虽然我们能够推测出大致的情况，但有一种情形很有意思。不妨想象一下，你是某片领地的主人，正在召唤你的伙伴寄居。突然间，你遇到了一个邻居，它急切地想要进入你的寄居地。你可能已经和这个恼人的邻居发生好几个月的冲突了，它的出现显然对你的领地和繁殖机会是一种威胁。那么消耗点精力打一场夜战，然后把不速之客赶走，也许会有相当大的好处。

在这种情况下，较小的体型和较高的警惕性就显得很有优势了。

对页：对于鹪鹩这种，从喙到尾羽末端只有9~10厘米长的小鸟来说，冬天很难熬，死亡率很高。

大斑凤头鹃

你也许对鹃科鸟类很熟悉，但大斑凤头鹃并非你想的那样

早在公元一世纪，老普利尼（Pliny the Elder）便首次记录到大杜鹃（*Cuculus canorus*）的怪事。他观察到有些体型很小的鸟类，几乎把头伸进大杜鹃雏鸟的嘴里喂食，当然我们现在知道这些鸟是杜鹃的宿主。杜鹃最后会把自己的养父母吃掉，这种恶行遭到了老普利尼的严厉斥责。从那以后，大杜鹃就被人们当作恶贯满盈的家伙，不受待见。几个世纪以来，大杜鹃的生活方式都弄得人心惶惶：亲鸟把自己的后代"分包"给体型较小的鸟类照顾，而雏鸟则会吃掉宿主来"报答"它们的辛勤照顾。杜鹃的名声再也好不到哪去了。

到了近代，随着知识的不断积累，我们已经知道杜鹃科包含大约140种鸟。由于大杜鹃臭名昭著的寄生行为，人们在得知极少数的杜鹃会自己筑巢繁育后代时，觉得十分意外。实际情况是这样：有些被驯化的杜鹃，如北美著名的走鹃（*Geocococcyx californianus*）会自己养育后代；而有的杜鹃则会巢寄生，比如大杜鹃。杜鹃里有"好鸟"，也有"坏鸟"。

巧的是在大杜鹃家喻户晓的欧洲，其实有两种鹃。另一种是大斑凤头鹃（*Clamator glandarius*）。几乎可以肯定，当年在老普利尼眼皮底下出现过这种鸟。因为它在意大利分布，而那里也是这位伟大的思想家出生的地方。然而这件事老普利尼没有提到，一般人也不会注意到，不会被当地的民俗故事收录，自然也不会把它和令人反感的大杜鹃联系起来。不过，大斑凤头鹃是一种难以被忽视的鸟类：它们体型较大、叫声洪亮、花纹明显，灰色的上半身有一排排整齐的白点，颈部和胸口上部呈淡黄色。它还有一个不太整齐的冠羽和一条长长翘起的尾羽。尽管如此，它们的行为并没有引起人们的注意。

现在的问题是：欧洲的腹地有"好"的杜鹃吗？

乍看之下，答案还是充满希望的。

一方面，大斑凤头鹃不会在体型较小的鸟类巢中寄生；另一方面，那些不幸被寄生的鸟类，如莺和欧亚鸲（*Erithacus rubecula*），在面对大杜鹃时，总是显得那么软弱无力。然而，大斑凤头鹃是专性寄生鸟类（obligate brood parasite）。它们的宿主是乌鸦和欧亚喜鹊（*Pica pica*），这些鸟类的体型与大斑凤头鹃相似，这对后者的行为有很大的影响。大杜鹃雌鸟会独自偷偷到空巢产卵，而大斑凤头鹃则是以团队的形式行动。喜鹊或乌鸦可能会对到访的大斑凤头鹃造成严重的伤害，尤其是当后者被困在喜鹊带有穹顶的巢内时。于是，雄性大斑凤头鹃会尽可能地在目标巢附近闹出点动静来，在宿主眼前大声鸣叫和栖息，以分散宿主的注意力。趁其不备，雌性大斑凤头鹃会以最快的速度冲进鸟巢，在10秒钟内就把卵产下，然后迅速离开。

两种鹃的另一个区别是，大斑凤头鹃无论是雌鸟还是雏鸟都不会把宿主的卵或雏鸟扔出巢外，而大杜鹃会这么做——

上图：当结对的大斑凤头鹃组队袭击鸟巢时，
雄鸟显眼地站在开阔地带，大声地鸣叫。

爱德华·詹纳（在 1788 年首次提出接种牛痘疫苗的那位医生）首次记录到这一令人惊异的行为。大斑凤头鹃的这种演化适应，在一定程度上是为了避免把另一只大斑凤头鹃寄生的卵或雏鸟移走，因为与大杜鹃不同，一只雌性大斑凤头鹃可能会在宿主巢中产下数枚卵。这么来看的话，大斑凤头鹃就不像大杜鹃那么手段残忍了。

到目前为止，你也许会觉得大斑凤头鹃在"好鸟"阵营中地位稳固了。当你听说，偶尔有一对喜鹊或乌鸦把大斑凤头鹃的雏鸟和自己亲生的雏鸟一起养大时，你可能会觉得这是一种"轻度"的巢寄生现象。这种行为虽然丑陋，但也能够接受。然而，这么想你就大错特错了。

对页：一只刚出羽的大斑凤头鹃站在它的宿主——冠小嘴乌鸦（*Corvus cornix*）旁边。
大斑凤头鹃亚成鸟与成鸟的区别在于翅膀上是否有栗色斑纹。

上图：这是一种常见的巢寄生策略，寄生雏鸟会把宿主的卵和雏鸟推开。
图中，一只刚出生的大杜鹃雏鸟正试图将一只刚出生的
棕薮鸲（*Cercotrichas galactotes*）从巢中赶走。

大斑凤头鹃毕竟是一种巢寄生鸟类，它采取的某些策略和大杜鹃一样无情——甚至可以说更狡猾。

首先，雌性大斑凤头鹃拜访宿主鸟巢，其产生的破坏力远比看起来要大。诚然，产卵的雌鸟不会把宿主的卵带走吃掉，但这并不意味着它不会给宿主的卵动手脚。在研究被侵害的鸟巢时，研究人员发现部分宿主的卵有破口或裂开的现象，而没有被寄生的巢却很少出现这样的问题。很明显，有时雌性大斑凤头鹃会故意破坏宿主的卵，比如把卵啄破，甚至在产卵时故意将自己硬壳的卵落在宿主的卵上。无论是哪种情形，大斑凤头鹃的行为显然是在为自家后代扫除竞争对手。

这些隐秘的手段会延续到雏鸟出生以后。还记得吗？刚孵化出来的大斑凤头鹃雏鸟其实不会直接杀死宿主的卵或雏鸟，而是通过竞争来淘汰对手。大斑凤头鹃雏鸟通常会先孵化，哪怕宿主先把卵产下来。通常杜鹃卵在雌鸟输卵管内便开始发育，大斑凤头鹃的卵在产下后只需要12~15天就能孵化，而喜鹊的孵化期则需要20天。大斑凤头鹃雏鸟的生长速度也比喜鹊或乌鸦雏鸟快得多，出羽速度也快了一倍，有时只需两个星期就能出羽，而这进一步扩大了前者的优势。相较而言，发育落后的喜鹊或乌鸦雏鸟在孵化后需要21~30天才离巢。发育速度是很关键的因素，原因有二。

首先，由于大斑凤头鹃雏鸟比竞争对手更活跃，它们很容易就能拦截亲鸟提供的食物，因此食物大部分都会被其抢走。

其次，大斑凤头鹃雏鸟还可能攻击宿主后代，尤其是在它们的身体发育壮大以后。它们不会直接杀死其他雏鸟，但会阻挠后者的乞食行动——单是这一点就足以消灭竞争对手了。

最后，大斑凤头鹃雏鸟还演化出一项绝活。似乎它们能够模仿宿主雏鸟在巢中的声音，无论宿主是乌鸦还是喜鹊。不仅如此，它们甚至还能模仿喜鹊雏鸟饥饿难耐时发出的乞食声音，而我们知道喜鹊亲鸟会优先回应急切的乞食声。大斑凤头鹃雏鸟哪怕已经吃饱了，仍然会持续地发出饥饿的叫声，从而确保自己总能获得食物。因此它们的目的不只是让自己吃饱，而是为了阻止竞争对手进食。自然地，真正挨饿的雏鸟，在体型和影响力上远远落后于大斑凤头鹃雏鸟，有时甚至会被亲鸟完全忽视而死亡。

那么，欧洲的杜鹃有"好鸟"吗？从上述证据中，我们可以得出合理的结论：没有。所谓江山易改，本性难移。

　　上图：无论飞到哪里，大杜鹃都会被其他小鸟围攻，
大概是这些小鸟意识到了巢寄生的威胁。图中的黍鹀（*Miliaria calandra*）
正在驱赶大斑凤头鹃，尽管前者从来都不是后者的宿主。

西方灰伯劳
实践一个很酷的想法

这是一个关于鸟类如何尝试新技巧的故事。这种技巧是如此的成功，以至于随着时间的推移，种群内的其他个体都纷纷学起了同样的把戏。而后这个技巧衍生出一系列相关的行为，并最终成为这种鸟的基本生活方式。

世界各地的伯劳都以它们独特的捕食习性而闻名，它们喜欢把猎物穿在尖锐的刺上——通常是灌木丛的刺，但也会是带刺的铁丝网或其他人造物品。在繁殖季节，捕获的猎物被存放在"储藏室"里。这一奇异而恐怖的景象表明伯劳曾到访此处。无论是啮齿动物、昆虫，还是偶遭厄运的小鸟，它们的身体都被刺穿，像装饰品一般可怕地挂在同一根树枝或一系列低矮的树枝上，令人一见毛骨悚然。这不禁让人联想到我们人类在战争年代将敌人残缺不全的尸体挂在树上的做法，而等待受害者的只能是悲惨的命运。

当伯劳在很久以前刚开始形成将猎物穿在刺上的习惯时，没有任何人注意到这一现象。但是即便没有天马行空的想象力，我们也能推断出这一习惯是如何形成的。作为一种非同寻常的鸣禽，它们采取的生活方式与鹰或隼这样的猛禽很像。伯劳能够捕捉体型较大的猎物，例如小型哺乳动物、蜥蜴和鸟类，以及有着厚重甲壳的甲虫和蜻蜓。猎物往往被伯劳的利爪制服，然后再被咬住颈后致死。问题是，一旦猎物被杀死就必须处理它的尸体。如果把尸体留在原地，捕食者也要面临被捕食的风险。因此伯劳要把这顿来之不易的晚餐带到某个地方，最好别在地上。伯劳似乎不太可能一开始就知道去刺穿尸体；相反，人们猜测这一行为经历了三个阶段。

第一个阶段很简单，就是把猎物的尸体运到栖木上，这样伯劳就能用爪子抓住它。在这种情况发生了无数次之后，下一步合乎逻辑的做法便是把猎物卡在树杈之类的缝隙中，以免它掉下来，这

上图：伯劳是一种掠食性的鸣禽，脊椎动物和无脊椎动物都在它的食谱范围内。它们有着鲜明的配色，用来警告别的鸟不要靠近自己的领地。

样也更方便伯劳撕咬猎物。除了伯劳以外，其他鸟类捕食者也会把猎物塞进缝隙里，甚至伯劳中的某些个体也倾向于这么做（有证据表明，伯劳会遵循自己幼年时学到的技巧，因此有的个体从来都不会把猎物刺穿后悬挂起来）。然而，用荆棘作钩子并把猎物挂在上面，这毕竟是更先进的做法。只要猎物安全地留在这里，捕食者就能在闲暇时一点一点地肢解它。某一天，也许只是偶然，一只伯劳就通过这样的方式使用了荆棘。

一旦这种将食物刺入（实际上是楔入）荆棘的做法流行起来，其效果是立竿见影的——食物可以被储存起来。在

上图：一只欧亚鸲（*Erithacus rubecula*）不幸成了西方灰伯劳的口中餐。被猎杀的小鸟在冬天的食物储备当中占有很重要的地位。

猎物丰收的日子里，多余的食物就不会被浪费了。直接的后果是，捕猎的手段得到进一步改善，食物被保存下来以供来日之需。从那一刻起，储备食物就成了某些伯劳的重要行为，西方灰伯劳便是一个很好的例子。

储备食物的行为一旦普及开来，伯劳也会和同类展开"军备竞赛"。总有一些伯劳是捕猎好手，因此它们的猎物体型更大，也更显眼。一只雄鸟可能会向另一只雄鸟炫耀它的穿刺能力，并把猎物作为领地标记。大多数鸟类只会通过鸣唱、炫耀飞行以及肉搏来捍卫自己的领地，但这并不会留下任何可见的痕迹。不过，究竟是哪种展现方式更具优势呢——储存更多数量的猎物，还是体型更大的猎物？既然捉一只老鼠需要耗费大量体力，为什么不把老鼠展示出来炫耀自己的能力？就像猎人往往忍不住要挂起骷髅并制作战利品来证明他们的能力一样。

波兰的研究人员绘制了灰伯劳隐藏食物的地图，他们发现了有力的证据，表明这种鸟确实利用被刺穿的猎物来展示自己的优越能力。例如，鸟类不会一年四季都储藏食物，而是根据季节变化，储备会分为高峰期和低谷期。其中一个储备高峰发生在伯劳的繁殖前期，那时候它们对守卫领地的需求最为迫切，这表明了食物储藏和领地之间的联系。这些储藏点往往位于领地的边界，而且通常是显眼的地方。许多哺乳动物在领地内留下气味、粪便或进食痕迹时，也会选择类似的地方。更能说明问题的是，在繁殖前期展示出来的大部分食物都没有被吃掉。如果伯劳鸟不打算消耗这些储备，这就强烈地暗示了猎物被悬挂起来的另外一个目的：炫耀。

此外，储备食物不仅影响着雄鸟彼此的竞争，还改变了雄鸟和雌鸟之间的关系。一个显而易见的结果是，雄鸟可以提供食物给它的配偶。在繁殖季节，西方灰伯劳巧妙地把储藏的食物从领地边缘运到靠近鸟巢的地方。这对雌鸟来说非常方便，因为雌鸟负责孵卵和早期照顾雏鸟的工作。如果鸟巢附近有足够多的食物，雌鸟可以在需要的时候直接取食。在这种情况下，这些储藏的食物就是伯劳的"零食柜"。

毫不意外，这种为伴侣提供食物的亲密行为能够巩固雌鸟和雄鸟的关系，也为以后共同织网营巢打下了情感基础。在这种社会制度下，雄鸟当众炫耀自己储藏的食物，自然会引起雌鸟的注意。基于同样的道理，雄鸟通过挂起难以制

服的大型猎物来恐吓其他雄鸟，这种行为也可以让潜在的雌鸟心动。很难否认储存的食物越多代表该雄性个体越优秀。其中的道理不言而喻：雌鸟会优先选择优秀的猎手。

当然，不是每一只雌鸟都能配得上优质的雄鸟。西方灰伯劳实行的是单配制，雄鸟只与其中一只雌鸟配对繁殖。要想成功地把雏鸟养大，配对的雄雌鸟必须相互合作。但这并不意味着任何其中一方在遗传意义上保持"忠贞"：婚外情会频繁出现。对于雄鸟来说，尽可能多地与雌鸟交配是有意义的，而对于雌鸟来说，与优质的雄鸟保持婚外关系，可以对冲原配遭遇不测的风险。

那么，这种婚外情是如何产生的呢？答案很简单，来自储藏的食物。研究发现，雄鸟为了吸引潜在的婚外伴侣，会向雌鸟赠送储藏的食物。不仅如此，为了同雌鸟交配，雄鸟会精心挑选最好的礼物。通常情况下，雌鸟每天有 16% 的食物需求是由婚外伴侣提供的。但有些时候，这些特殊的礼物能占到雌鸟需求量的 66%。婚外情时常发生，这也不足为奇了。

谁能想到鸟儿创造的一种处理食物的新办法，会导致婚外情的产生？

对页：黑线姬鼠（*Apodemus agrarius*）是一种营养价值很高的食物，雄鸟会把它作为礼物送给雌鸟——这只也许是留给它的"情妇"的。

红交嘴雀
左撇子，还是右撇子

许多欧洲和北美的鸟类爱好者对红交嘴雀（*Loxia curvirostra*）并不陌生。这种矮胖又帅气的鸟类以种子为食，以上下颌交叉而闻名：下颌向上颌的一侧生长，导致喙尖交错开来。这一特征让红交嘴雀和它的近亲备受瞩目。每次看到交嘴雀总是让人觉得很有成就感，因为它和其他鸟类有很大的"区别"。

如果你在野外看到交嘴雀，一定要试着尽量靠近它。这样，你也许能看到鸟类中非常少见的"利足性"（footedness），类似于人类社会中的左撇子和右撇子。红交嘴雀有的用右脚，有的用左脚从球果中取出种子。只要观察到红交嘴雀把球果折断并带到树枝上，你就可以轻易地分辨出它是左利足还是右利足，因为它会用一只脚站在树枝上，然后用更习惯的那只脚夹住球果。如果是用右脚夹住球果的红交嘴雀，它的头和喙会向球果的左侧偏移，反之亦然。就像我们大多数人觉得某一边的手脚更方便一样，红交嘴雀总是使用更方便的那只脚。他们很少使用"非惯用"脚。

不过，红交嘴雀的这种偏好与某个生理特征有着明显的联系：喙的交叉方式。这下事情就变得很有意思了。雏鸟刚出生的时候，它的上下颌是紧紧地贴在一起的，并没有错开。和其他鸟类的雏鸟一样，早期交嘴雀雏鸟从父母那里获得食物。但与许多鸟类不同的是，它们在相当长的时间内都要依靠亲鸟。直到出生后的第27天，下颌骨才开始向上颌骨的某一侧偏移，直到第38天时，雏鸟才开始接触球果，这是它余生的依靠。第45天后，即6周以后，雏鸟便能很熟练地从球果中取出种子，此后它就可以独立生活了。由此得以证明，这种不寻常的鸟要想活下来，必须要把喙错开。

对页：红交嘴雀特殊的喙使它能够把球果中未成熟的种子取出来，而那双强健有力的腿让它们在树梢上来去自如。

交嘴雀喙的交叉方向有着深远的影响。不仅上下颌会朝左右错开，而且控制颌骨的肌肉在偏转的一侧也较为发达，进而增加了不对称性。几乎可以肯定的是，一旦偏转的方向确定，鸟儿的一生都会受其影响。

与人类大部分惯用右手不同，交嘴雀个体两种交嘴方向的比例大致相当，而且不受性别影响。这说明交嘴的方向与生存能力无关，无论朝向哪边的个体都不会更具优势。此外，也没有迹象表明，朝左歪嘴的个体，在求偶时会对配偶的交嘴方向产生偏好。

不过，交嘴雀的交嘴方向和它的觅食方式息息相关。你也许曾想过为什么它们的嘴会交叉。答案很简单，当上下颌闭合的时候，下颌相对于上颌会横向移动。喙尖接触松果种鳞的尖端后，交嘴雀只要把喙合上就能迫使松果的鳞片撑开，接着用舌头就能把松子挖出来。交嘴雀的咬合力很强，哪怕松子还未完全成熟，仍然被紧紧夹在种鳞之间，它也能轻易地把松子取出来。不具备交嘴雀这种技巧的鸟类无法利用这些丰富的资源，于是这些技艺高超的鸟类在野外就有了更广阔的生存空间。

但是交嘴雀为什么会出现交嘴方向的差异呢？我们可能永远无法解开这一谜团。也许自然选择让整个种群具有两个方向的演化适应，这样万一未来生存条件发生变化，其中一方也能更好地适应。又或许，这只是鸟儿过去演化遗留下来的特征。无论是哪种情况，现在两种交嘴方向的交嘴雀我们都能看到，不禁让人叹服这些对演化适应得极好的鸟类。

对页：这只红交嘴雀的下颌向右上方扭曲。这意味着，它是用右脚托住球果，并从球果的右侧取出种子。红交嘴雀50%是右利足的，剩下的是左利足。

蛎鹬

蛎鹬的职业分化

在鸻鹬类的鸟（shorebirds）或者说涉禽（waders）当中，蛎鹬（*Haematopus ostralegus*）算是很好辨认的一种鸟，往往一眼就能认出。当你站在海岸线上，观察河口处散布的鹬、鸻等难以辨认的鸟类时，突然看到一只黑白鲜明、轮廓简洁的鸟，你会感到欣慰的。蛎鹬的体型比其他鸻鹬类的鸟要大一些，它的腿是粉红色的，橘色的喙又长又细，让人隐约怀疑如此显眼的喙是从另一只身处色彩缤纷环境中的鸟类身上借来的。蛎鹬的叫声有如尖锐的口哨，让外貌本就突出的它们更加引人注目。

如同那黑白分明的羽色，蛎鹬在泥滩上扮演的角色也同样黑白分明。以往的观鸟经验告诉我们，喙长的鹬类会在泥土中探寻沙蚕、甲壳或软体动物，而喙短的鸻类则会利用绝佳的视力在泥滩上搜寻同类食物。由于这些鸟儿的喙长度各异、弧度有别，且觅食的手段也有所不同，于是河口丰富的底栖生物资源得以充分利用。有人认为蛎鹬的长喙一开一合，所以它们只能在河口的淤泥中探食。

这种想法很容易就能被推翻。蛎鹬较大的体型、缓慢的进食速度，让它们成为观赏度较高的鸟类。看着蛎鹬大口地吃掉自己辛苦找到的沙蚕和贝类，观鸟者仿佛自己也在享受同样的美食。但你很快就会发现，并不是每一只蛎鹬都会四处探食。不同的个体有不同的觅食方式。有的喜欢捡地面的食物，有的则倾向于四处探食，总之各有各的觅食办法。

哪怕是观鸟新人也很容易看到蛎鹬，科学家们自然也对这种鸟研究了许多年。一个又一个冬天，他们细心地观察蛎鹬，并用颜色标记，从而确定每个个体的觅

对页：这只蛎鹬通过刺食的方式，成功地将贻贝打开，
并迅速切断内收肌，让贝壳无法关闭。

食方式。科学研究似乎总是有意外发现，这一次科学家揭露了一个令人惊讶的复杂情况。

他们发现，面对如此丰富的食物资源，蛎鹬个体却专注于某一类食物。蛎鹬分化出了三种"职业"，每种"职业"都有各自的办法来处理河口的底栖生物。有一群蛎鹬专门捉沙蚕，它们把长长的喙探入淤泥中，利用喙上的触觉感受器来定位虫子，并通过视觉来判断泥土表面的线索——这些"探食者"的觅食方式符合我们对喙较长的鸻鹬类的预期。第二种蛎鹬专门捕食贝类，比如蚌壳和海贝。这些捕食者往往在软泥中觅食。只要看到打开的贝壳，哪怕只是开了一个小口子，蛎鹬也会猛地向前扑去，把正在滤食的软体动物的内收肌，也就是控制贝壳开合的肌肉切断。这样一来，内收肌就失去了作用，贝壳也就无能为力了。蛎鹬喙的侧切面非常狭窄，其作用类似于裁纸刀，可以将有缝隙的贝壳撬开。一旦内收肌被切断，蛎鹬就可以轻松地切开黏住壳体的肌肉，将肉抖出来。使用这种方法捕食的蛎鹬被称为"刺食者"。

最后一种"职业"，相当于蛎鹬中的"蓝领工人"，它们这里捡捡，那里铲铲，

有时还会锤几下。它们在贝壳石灰岩上觅食，一旦锁定某个看起来很好吃的贝壳（它们可以判断出软体动物是否生病），就会把贝壳从坚实的岩基上撬出来，带到地质坚硬的地方，然后毫不客气地砸贝壳，直到外壳破开。蛎鹬会瞄准贝壳最薄弱的外缘击打，至于击打哪一面视个体习惯而定。一旦贝壳被打开，这种蛎鹬就会马上切断贝壳的内收肌，这个粗糙的"砸锤工"总算展现出其精细的一面。尽管觅食的过程少不了精细活，但这一类蛎鹬被人称为"锤食者"。

蛎鹬发展为哪一种职业，很大程度上和喙的形状有关。探食者的喙细长而尖锐，刺食者的喙形如凿子，锤食者则长着又钝又沉的喙。觅食方式塑造了喙的形状，而不是反过来。喙尖每天以 0.4 毫米的速度增长，所以蛎鹬需要磨喙。当实验人员强迫蛎鹬改变觅食方式以后，它们喙的形状也逐渐发生了变化。

到底是什么原因决定蛎鹬进入哪一种"职业"呢？答案首先来自它们的父母。大多数滨鸟的雏鸟在没有亲鸟帮助的情况下，很快就能独立觅食，而蛎鹬雏鸟在最初的几个月里都需要依赖父母。起初是父母提供所有的食物，之后则会跟着父母在泥滩学习觅食。蛎鹬雏鸟的学

习期最长可达 26 周。可想而知，如果雏鸟的父母是刺食者，它就会学习刺食的技巧——我们还不确定如果父母的职业不同会发生什么。但如果雏鸟最初倾向于刺食，将来很可能它会成为全职的刺食者。

然而，事情并没有那么简单。总的来说，雌鸟的喙比雄鸟长，这使得雌鸟更倾向于成为探食者。亚成鸟也是如此，它们中的探食者数量比成鸟还多。当然也有一些中间派，它们的觅食倾向摇摆不定，视个体喜好而变化。所以实际情况并不是非黑即白。

事实上，蛎鹬还有第四种觅食的方式，也就是偷盗。这在蛎鹬聚集的种群中经常出现。盗贼会观察其他个体，等其中一只鸟干完活以后，再以威吓和大声呼叫的方式对受害者实施抢劫。从某种意义上说，偷窃本身就是一种"职业"。有专门从事偷窃的蛎鹬，它们和从事其他行业的蛎鹬也没什么不同。

也许蛎鹬盗窃的本事是跟父母学的，这事谁也说不准，真可谓上梁不正下梁歪。

上图：锤食者的喙形如刀刃，喙尖圆钝。

非洲

花蜜鸟

悬停是为了觅食

蜂鸟可以说是吸睛指数爆表的鸟类。它们在无数的电视纪录片中出现，拿的都是主角的剧本。人们常冠之以珠宝的美名，甚至用"光辉"（brilliant）"阳光天使"（sunangel）等词汇来赞美蜂鸟。作为世界上体型最小的鸟类，蜂鸟不仅有着炫彩夺目的外形，而且翅膀震动的速率无出其右者，它更是唯一能前后自如飞行的鸟类。并且，所有这些动作用的是同一套控制系统。它们的最大飞行速度超过每小时100公里。

蜂鸟在许多人的观鸟名单里名列A级，但很少有人听说过花蜜鸟科（Nectariniidae）。可以说，如果世界上不存在蜂鸟的话，花蜜鸟就会继承蜂鸟的美名，毕竟这两个科的鸟类有诸多相似之处。比如，它们都专门以花蜜为食，都有色彩斑斓的羽毛。甚至许多花蜜鸟的羽毛比蜂鸟更加耀眼夺目、光彩照人。二者主要生活在温暖地区，蜂鸟分布于美洲大陆，而花蜜鸟主要在非洲和亚洲热带地区。两个科都有许多种鸟（蜂鸟350种，花蜜鸟130种）。蜂鸟和它们传粉的植物之间的协同演化导致蜂鸟有着各式各样的喙，而花蜜鸟的喙却没有这种多样性。

不过，蜂鸟有一项本事却是花蜜鸟做不到的，花蜜鸟没有演化出像蜂鸟那样毫不费力的悬停能力。所以它们通常降落在头状花序上，以站立或攀附的姿态吸食花蜜。正因如此，它们的脚比蜂鸟的脚大，体型和重量也超过了蜂鸟。花蜜鸟的翅膀和"正常"鸟类一样，但与蜂鸟相比，它们的肱骨较长，且总体来说，它们的翅膀较短。吸蜜鸟科（Meliphagidae）作为大洋洲第三大的鸟科，这类鸟的悬停技巧都很一般。

由于花蜜鸟都倾向于停在花朵上吸蜜，花朵也协同演化出适合花蜜鸟落脚的形状，从而促进传粉。由于新大陆（美洲大陆）是蜂鸟的地盘，许多有花植物的花朵都是朝外张开的，缺乏落脚的地

方。而在旧大陆（欧亚大陆和非洲），这种类型的植物虽然不是完全没有，但数量很少，大多数植物都为传粉者提供落脚点。

当然，情况绝不是那么简单，因为很多案例都表明蜂鸟也会"偷懒"。虽然所有的蜂鸟都可以悬停，但有些也喜欢停下来吸蜜，还有些会用它们那特化的尖喙，从高度适配的狭长花冠管中"偷取"花蜜。如果人为给蜂鸟提供落脚的地方，蜂鸟其实更喜欢使用这些落脚点。这一实验表明，某些植物"有意"让蜂鸟悬停。

而旧大陆确实有些花蜜鸟为了吸食花蜜而悬停。到目前为止，旧大陆已记录到约100种会悬停的鸟类，其中绝大多数（63种）为花蜜鸟。它们的悬停技巧和控制力都不如蜂鸟，也不能长时间悬停。

在过去几年里，旧大陆和新大陆在南非上演了一场精彩纷呈的交锋，不仅展示了各大洲之间的差异，也预示着未来可能的演化方向。原产于南美洲的被粉烟草（*Nicotiana glauca*）入侵非洲后，引发了这场纷争，而这种树通常由蜂鸟授粉。这种外来的烟草富含花蜜，当地鸟

上图：研究人员最近发现，北非双领花蜜鸟经常在花蜜处悬停。

儿纷纷爱上了这种植物。面对这难以抵抗的新食物来源，鸟儿们不得不学会悬停，就像一个深陷中年危机的父亲突然发现健身房，然后就泡在里边不能自拔一样。

有两种鸟迷上了被粉烟草，分别是辉绿花蜜鸟（Nectarinia famosa）和暗色花蜜鸟（Cinnyris fuscus），而前者似乎特别喜欢被粉烟草的花朵。斯泰伦博斯（Stellenbosch）大学的斯伊尔克·基尔特（Sjirk Geerts）和安东·保罗（Anton Pauw）的一项研究发现，冬季北开普省的辉绿花蜜鸟连续几个月都以黄色管状花的花蜜为主要食物。而且，由于其他办法都无法轻易吸到花蜜，80% 的时间里它们只能在花蕾前悬停，在空中吸食

上图：辉绿花蜜鸟通常落在花朵上吸食花蜜。
但近年来，某些种群开始学习悬停吸蜜。

花蜜（暗色花蜜鸟为 40%）。虽然它们悬停比较费劲，但却能保持足够长的时间去吸食花蜜，而不会白白浪费精力。一只雌性辉绿花蜜鸟悬停了 30 秒，成功吸食到了 8 朵花的花蜜。

南非的一项研究首次发现花蜜鸟把悬停吸蜜作为常规觅食手段。虽然以前悬停是一种很罕见的技能，但现在这一技巧显然已经融入花蜜鸟的日常生活中。在干旱的月份里，当地的花朵都已凋零，而南非北开普省的被粉烟草改变了这些鸟类的迁徙路线。在南非的研究点，辉绿花蜜鸟通常会在 10 月份迁徙离开，但如今大片的被粉烟草使它们得以停留到 11 月底。在被粉烟草生长的地方，鸟类数量也最多，可以说烟草植被影响了当地的物种分布。由此，一种鸟类和被粉烟草的关系得以形成：在野外通过花蜜鸟传粉的被粉烟草，其产生的种子比实验中挂了防护网后的烟草多三倍。这样的关系让彼此都能受益。在被粉烟草的原产地阿根廷，是由蜂鸟负责授粉的工作。而在这里，这项工作交由辉绿花蜜鸟完成。

辉绿花蜜鸟的这种行为变化可能是暂时的，但如果被粉烟草或其他管状花在南非北开普敦继续保持生长势头，那么周边地区的其他花蜜鸟没有理由不改变它们习性，也许它们已经在转变了。

这也带来了一个问题：为什么富含花蜜的植物和非洲鸟类没有协同演化出美洲那样广泛的悬停觅食？不久以前，悬停还被认为只是生物史上的一种特殊现象，但现在喀麦隆的研究人员发现，一种当地的凤仙花（*Impatiens sakeriana*）完全依靠喀麦隆花蜜鸟（*Cyanomitra oritis*）和北非双领花蜜鸟（*Cinnyris reichenowi*）来传粉。而在大多数时候，这些鸟儿都是悬停觅食的。如果说在非洲南部一隅，悬停觅食存在已久，而辉绿花蜜鸟在南非也表现出了效仿的趋势，那么这一行为为何还未在更大范围内流行开来，目前还是一个谜。而答案恐怕没有那么简单。

非洲鸵鸟
共享鸟巢的好处

鸵鸟拥有世界上最大的鸟蛋[①]，一颗蛋就是一个巨大的卵细胞。蛋长 14~17 厘米，宽 11~14 厘米，重量在 1.3~1.9 千克之间，相当于近 1000 只成年吸蜜蜂鸟（*Mellisuga helenae*）的体重。与大多数地栖鸟类一样，非洲鸵鸟（*Struthio camelus*）的蛋是白色的。这种充满自信的颜色在干燥的灌木丛中十分显眼。

你可能会觉得体积如此之大的鸵鸟蛋，对雌鸟来说是一种沉重的负担。事实上，相较于身体的大小，鸵鸟蛋是世界上最小的。鸵鸟每次产卵只需要 50 分钟左右，产卵量很大。一窝卵通常有 20 枚，最高纪录是 78 枚，而且散落得到处都是。你也许会认为，鸵鸟双亲得拼尽全力才守得住四处散落的卵。不过，鸵鸟可不会像你想的那样尽忠职守。亲鸟确实会保护鸟卵：为了保卫鸟巢，它们会用脚踢来犯的动物，并且孵化时也十分小心。雌鸟从天亮后两小时左右开始孵卵，雄鸟在日落前一小时接雌鸟的班。但数据表明它们做得不是很好。许多研究表明，鸵鸟卵遭受捕食的数量可谓触目惊心：有的鸵鸟在产卵或孵化过程中损失了 90% 的卵。

由于鸵鸟卵富含蛋白质，它们的巢对于捕食者来说有着天然的吸引力。白兀鹫（*Neophron percnopterus*）长期以来以捕食鸵鸟卵为生，以至于它们演化出了一种世代遗传的破卵技巧：扔石头把卵砸开。斑鬣狗（*Crocuta crocuta*）和黑背胡狼（*Canis mesomelas*）是常见的偷卵大盗，尤其是在东非地区。这些掠食者不仅适应性强，而且十分机灵。

你可能会觉得鸵鸟有相应的机制来减少或弥补如此巨大的损失。你的直觉没错，但现实不是你想的那样。事实上，鸵鸟的繁殖策略非同寻常，并且巢中卵

[①] 这里指的是在现生鸟类中，鸵鸟拥有世界上最大的鸟蛋。——译者注

的分布更加奇特。

　　每当繁殖季来临，雄性鸵鸟开始建立领地时，这种古怪的繁殖策略就开始运作了。只见雄鸟张开它那蓬松的巨翅，一边抖动翅膀，一边相互追逐。它们赤裸裸地向雌鸟炫耀一种大多数鸟类都没有的器官——阴茎。到了繁殖季节，阴茎就会变成红色。建立领地后，雄鸟会发出一种低沉的嘶声。如果一切顺利的话，每只雄鸟都将拥有自己的领地，面积约为 16 平方公里，但彼此的边界并非

泾渭分明。

　　接下来便是繁殖的关键阶段。雌鸟会拜访雄鸟的巢，如果雌鸟看上了某个巢，就会在巢中产下一枚卵。这样一来，这对雄鸟和雌鸟便建立了纽带，双方会共同保护这个窝。但故事并非就此结束。一旦雌鸟产下四五枚卵后，就会允许该地区的其他雌鸟也在自己的巢里产卵。第一只产卵的雌鸟，我们可以管它叫正室（major hen），每隔一天产卵一次；而其他的雌鸟，暂且称之为偏房（minor

上图：繁殖季节开始后，雄性鸵鸟会建立领地，
并通过竞争来维护自己的领地。

hen），则在空档期轮流产卵。一个巢可能有四五只偏房雌鸟，但有人曾记录到多达 18 只雌鸟在同一个巢中产卵。这些偏房雌鸟似乎不会被某个特定的巢所吸引，大多数会在几个巢中产卵。

最终的结果是，平均一个巢里会有 5~11 枚正室的卵，以及 10 枚偏房的卵。虽然鸵鸟巢是共享的，但只有雄鸟和正室雌鸟参与孵卵。

那么显而易见的问题是：为什么这对配偶能够容忍其他雌鸟在巢中产卵，甚至为它们孵卵呢？所有的证据都表明，这对配偶已经意识到了入侵行为，但它们为什么不采取行动呢？

事实证明，它们确实是会行动。研究人员发现，正室和偏房的卵是可以区分的。开始孵卵后，正室会对巢中的卵做一些调整。为了确保自己的卵靠近中央，它会将偏房的卵推向外围，甚至是推出鸟巢范围，让它无法孵化。

对页：雌鸟和雄鸟都会参与孵卵。正室白天负责照看卵，就像图中这样；雄鸟则是晚上照看它们。

上图：这个巢外围的卵都是偏房产后抛弃的，而中间的卵很可能是正室雌鸟产的。

当然，这么做也有潜在的好处，也就是"稀释效应"（dilution effect）。如果有捕食者来到鸵鸟巢，从25枚卵的巢中取走一枚卵，那么恰好取走正室的卵的可能性就降低了。偏房的卵越多，正室的卵也就越安全。而如果捕食者对卵大肆破坏的话，它从外边的卵下手的概率要比从里面的概率大得多——所以偏房的卵可以起到缓冲的作用，防止捕食者的掠夺。无论是哪种情况，让偏房产卵，对领地内的鸵鸟来说都很划算。

不过，偏房也有一个优势：即使最终只有一枚卵孵化，偏房的繁殖策略也算成功了。当然，如果某个偏房在数个巢中产卵，它在繁殖季里成功繁殖的机会也会增加。

乍看之下，用别的鸵鸟的卵来保护自己的卵，似乎是一个合情合理的选择，但最近有研究表明，这并不像看起来那么简单。研究人员发现，在某个鸵鸟巢中，近70%的卵并非正室和雄鸟结合的产物。研究人员还发现，在一个巢中担任偏房的个体往往是另一个巢中的正室，反之亦然。他们还对正室和偏房之间的亲缘关系进行了考察，发现其与其他个体之间没有明显差异。因此从某种程度上来说，广大的雌鸟群体选择主动分享自己的巢，这隐约体现出了某种利他主义。

鸵鸟的性别比非常不均衡，雌雄比至少为1.4:1，有时高达3:1。目前还不清楚，这种不寻常的繁殖策略是否是一种演化适应，也不清楚该策略下雌鸟产卵的数量是否高于其他策略。在鸵鸟行为的研究上，我们还有很长的路要走。

对页：卵孵化后，雏鸟主要由雄鸟保护。
尽管雄鸟已经尽力了，但只有一小部分雏鸟能够活到成年。

草尾维达鸟与紫蓝饰雀
鸟类中的跟踪狂魔

粗略地看一下这一页上的两张照片，你可能会认为这两只色彩斑斓、引人注目的鸟来自非洲，而且二者似乎没有什么共同之处。其中一种是像雀类一样的小鸟，叫作紫蓝饰雀（Uraeginthus ianthinogaster），另一种则被称为草尾维达鸟（Vidua fischeri）。看看那锥子般的喙，你就能猜到它们都是以种子为食。如果你听说它们来自东非同一地区，生活的栖息地也很相似，你也不会感到惊讶。但你无论如何都猜不到它们之间的联系：它们的亲缘关系很远，分别属于完全不同的科，即梅花雀科（Estrildidae）和维达雀科（Viduidae）。

然而，这两个看似不相干的物种之间却存在着一种非常紧密的联系。二者在生活中相互纠缠，对彼此都产生了深远的影响。这种阴魂不散的诡异联系可以表明两个不同物种之间能纠缠到何种程度。

首先要明确的是，据我们所知，紫蓝饰雀可以离开草尾维达鸟独自生活。它们一定想要一个没有维达鸟的世界。而另一方面，维达鸟却始终作为紫蓝饰雀的影子活着。它的生活有一部分属于自己，但它的很多生物学特性都受到了紫蓝饰雀的影响。

以鸣唱为例，草尾维达鸟确实有自己的曲目——一种吱呀声和刺耳的音符混合在一起的声音，但它完美地复制了紫蓝饰雀的歌声，而且唱得很好听。当雄性草尾维达鸟试图吸引雌鸟进入自己的领地时，它会花大量的时间去模仿紫蓝饰雀，而不是唱出自己的歌曲。雌性草尾维达鸟显然会回应这种歌声。雌性草

对页上图：尽管和紫蓝饰雀的亲缘关系较远，
但草尾维达鸟的生存完全依赖于这种小鸟。

对页下图：紫蓝饰雀是东非常见鸟类，分布于埃塞俄比亚中部南部至坦桑尼亚。

尾维达鸟在亚成鸟时期就学会了紫蓝饰雀的歌曲，因而它们会被雄鸟的效鸣所吸引。

虽然看起来有点奇怪，但考虑到很多鸟类都会利用效鸣来装饰自己的歌曲，将复制的声音融入自己的歌曲模板当中，这样的行为也能理解。就好比在文章中加入引号可以让文字更醒目，但作品的整体质量还是要由作者来把控。也许维达鸟只是不善于模仿紫蓝饰雀以外的鸟类？它唱着自己的歌，无意中混入自己喜欢的紫蓝饰雀曲调——只是混得比较频繁而已。

然而这样的天真想法，却经不起细节的推敲。正巧紫蓝饰雀的歌声十分悦耳动听，不仅充满了起伏变化，而且因鸟而异、因地而异。你猜怎么着？维达鸟的效鸣和当地紫蓝饰雀的版本完全一致。这表明维达鸟是有意模仿紫蓝饰雀的歌声，显然这种刻意模仿是出于客观需要。

而且，维达鸟模仿的不仅仅是紫蓝饰雀宣示领地的歌曲。它还会模仿紫蓝饰雀的警报声、兴奋的叫声以及呼唤同类的声音，并将这些声音都融入自己的曲库中，而其他物种的声音都不在维达鸟的模板当中。你觉得草尾维达鸟什么时候开始鸣唱呢？并非全年中任意一个时间节点，而是在紫蓝饰雀开始繁殖的时候。关于维达鸟与紫蓝饰雀奇特而霸道的关系，这只是第一条线索。此外，雄性维达鸟与模仿对象近乎同时换上繁殖羽，同时准备繁殖，尽可能地让彼此的繁殖期重叠。现在你可能已经明白，草尾维达鸟是依靠寄生紫蓝饰雀而存活的。

雌性草尾维达鸟会在紫蓝饰雀的巢中产卵。它的卵和紫蓝饰雀的卵颜色基本一致，只是个头稍大，也更圆润一点。尽管如此，这些卵还是被紫蓝饰雀接受了，甚至很有可能是在紫蓝饰雀雌鸟意识到入侵的情况下被接受的。与著名的大杜鹃不同的是，草尾维达鸟不会破坏宿主的卵，只是把自己的卵放入宿主的巢中。草尾维达鸟有时会产一枚卵，有时产下数枚。但至少在这个阶段，它们对宿主的巢或卵不会造成任何损害。

很少有人知道两种雏鸟之间是如何竞争的。新生的维达鸟并不会把竞争对手的雏鸟赶走，但对草尾维达鸟的亲缘物种进行的研究表明，寄生雏鸟通常比宿主雏鸟早一两天孵化。如果是这样的话，也许寄生雏鸟想在进食方面占得先机，尽管这一点还没有得到证实。

毫无疑问，虽然草尾维达鸟的卵还算不上以假乱真，但雏鸟绝对是模仿大师：

它们完美地模仿了宿主雏鸟的一举一动，简直是如影随形。寄生雏鸟嘴上的斑纹为橙色和蓝色，舌头边缘则是白色——与宿主雏鸟完全吻合。而寄生雏鸟也有着卓越的演技，它们甚至会模仿紫蓝饰雀左摇右摆的动作。这种欺骗行为一直持续到亚成时期的头几周，这时维达鸟仍然在宿主家庭中。过了几周以后，它们才会加入同类的种群中。

这种特殊的鸟类纠缠现象并非草尾维达鸟独有，它的亲缘物种也会巢寄生，只是宿主不同，但仍然是以种子为食的鸟类。最大的疑问是：为什么草尾维达鸟会有如此独特的依赖单一宿主的演化适应？它们为什么不像杜鹃那样选择不同的宿主？它们又为什么会演化出如此完整而复杂的行为体系，只为了让自己的命运和宿主绑定在一起？

更令人困惑的是，它们为什么不给自己筑个巢呢？

黑鵙

好事成双

很多时候，我们在说话时并不需要让自己显得很聪明，只需要一遍又一遍地重复，就能达到沟通的目的。信息的传递依靠的并非高质量内容，而是不断重复。这一原理同样适用于人类对鸟类鸣声的鉴赏。当你来到一个新的地方，可能会听到许多婉转动听的鸣声，但你会记住的一定是占主导地位的、不断重复的那一类。举个例子，在非洲，鸽鸠类无休止单调低沉的鸣声，总是让人觉得闷热；而非洲大部分地区的灌木丛中，有一种黑鵙属（*Laniarius*）的鸟类，它们的鸣声有点像锣鼓声，响亮而悦耳，顺滑而甜美，让整个空气中都充满了热带风情。

黑鵙的歌声经久不衰，它们是非洲为数不多的能在炎热日子里鸣唱的鸟类。下午，东非和中非地区的暗色黑鵙（*Laniarius funebris*）每小时可以唱 260 首歌曲。而有的黑鵙从日出到日落可以唱出 1000 多首歌曲。如果你在找通过不断重复鸣声来吸引注意力的鸟类，黑鵙就是其中的代表。它们的鸣声十分简单，以非洲黑鵙（*Laniarius barbarus*）为例，听起来像是起伏的"奥利奥"，再加上嘎嘎声。而且正如动画片《兔巴哥》里的猪小弟常说的："到此结束，伙计们"，黑鵙每一首曲子的持续时间不到一秒。

不过黑鵙并非唯一一种持续重复鸣声的鸟类。北美洲的观鸟爱好者一定很熟悉红眼莺雀（*Vireo olivaceus*）的鸣声。据统计，这种鸟在一天之内会唱 27 000 次。而在欧洲，黄鹀（*Emberiza citrinella*）雄鸟在一天之内会重复唱 5000 次。但黑鵙有一点和它们非常不同：红眼莺雀和黄鹀只会独自鸣唱，而黑鵙则是雌雄对唱。

当你在野外听到黑鵙的歌声时，你很难相信这是两只鸟儿在鸣唱，因为它们的声音是如此精确协调。就热带黑鵙（*Laniarius major*）和暗色黑鵙而言，这两种鸟在对唱时没有任何明显的间歇，而非洲黑鵙的对唱更是重叠在了一起，

雌鸟和雄鸟间歌声的延迟不到 0.1 秒。在野外，除非你听得很仔细，而且两只鸟儿相隔很远，否则根本就听不出来是二重唱。

如果一只鸟总是以同样的方式鸣唱，另一只鸟以同样的方式回应，这样的技巧还在我们预料之内。但黑鸠能做的不止于此。虽然通常是雄鸟先发出流动的声音，接着雌鸟以尖锐刺耳的音符紧随

其后，但有时情况却是相反的：先由雌鸟发出类似雄鸟的声音，而后雄鸟进行回应。此外，每一对黑鸠在对唱时都有几种不同的基调，唱哪一种视具体情况而定。尽管如此，雌雄对唱仍然保持着高度同步，听起来就像一只鸟在歌唱一样。

配合如此完美的二重唱，不禁让人感叹雌雄鸟间高度的默契。而对唱的歌曲数量之多，更是让人叹为观止。没有人

上图：非洲黑鸠的歌曲不断重复，每次持续不到一秒钟，但每一首曲子都是由雄鸟和雌鸟共同唱出。

会怀疑鸣唱对于黑鹛的重要作用，但眼下有一个问题是科学家们很难回答的：世界上大多数地方只有雄鸟才会鸣唱，为什么黑鹛要雌雄对唱呢？红眼莺雀和黄鹂雄鸟单靠雄鸟就能守卫领地，为什么黑鹛做不到这一点？

虽然学界提出了各种各样的假说，这个问题目前还没有明确而全面的答案。需要承认的是，二重唱也许还有许多不

为人知的作用。目前已知全世界有 400 余种会二重唱的鸟类，分属于不同的类群，但绝大多数鸟类都不会二重唱。二重唱可能对黑鹛来说十分重要，但对大多数鸟类而言，二重唱并非必不可少。

可以确定的是，结对的黑鹛进行二重唱是为了维护领地，其他鸟类中未配对的个体也会这么做。实验表明，将附近鸟儿的歌声回放给一对领地内的黑鹛听，

上图：会雌雄对唱的鸟类，如暗色黑鹛，其二重唱的同步程度可能反映了配偶关系是否牢固。

总是会导致后者对唱的频率急剧上升。近来对热带黑鹛的研究发现，它们有一种特殊的曲子，只有在赶走了对手之后，才会唱出来，其他时候黑鹛从未唱过这首曲子。可以说这是一首凯旋曲（或者说是对邻居的嘲讽）。在领地遭遇入侵者的时候，二重唱就显得很有用了，因为雌雄鸟可以合作将对手驱逐出领地。

然而黑鹛的二重唱是如此普遍，它们每天都要唱数百首曲子，一年四季从不间断。因此二重唱的作用远不止守卫领地，极有可能是雌雄鸟在互相传递信息。二重唱可以用来确保配偶的所有精力都放在自己身上，不至于和其他入侵的雄鸟发生暧昧关系。每当雌鸟回应雄鸟的时候，雄鸟便知道雌鸟的行踪。这可以说是某种形式的"护妻"了。二重唱的同步性和配偶关系的紧密程度高度相关。快速而有规律的回应意味着雌鸟对雄鸟高度忠诚；而犹豫不决的回应，或者根本没有回应，则可能是配偶关系出现分裂

的信号。只有雄鸟鸣唱的鸟类，比如红眼莺雀，雌鸟只能对雄鸟的领地意识有所了解，却无从衡量雄鸟对自己是否忠诚。二重唱让彼此都能衡量对方的忠诚度。不协调的二重唱不仅能被处于配偶关系的双方感受到，附近的鸟儿也能察觉，这可能会进一步损害配偶关系和对领地的掌控。事实上，在澳大利亚的一项针对鹊鹩（*Grallina cyanoleuca*）的研究中，研究人员发现，二重唱的精确程度能够衡量一对鸟儿合作保卫自家领地的能力和意愿。

说到合作，也有人认为，二重唱可以更好地协调结对雄雌鸟的繁殖工作，同步激素水平，进而提高繁殖的成功率。然而，考虑到其他物种的雌鸟仅靠听雄鸟的歌声就能分泌激素，所以二重唱不太可能在这一点上起到重要作用。不过，这些假设似乎都有一项共识：虽然黑鹛重复鸣唱的频率很高，但鸣唱次数并不是一切，同步质量也很重要。

巧织雀
长尾还是短尾？

与普通人一样，鸟类行为的研究者也会追随热点。目前学术界的热点之一是关于配偶选择的问题：雄鸟或雌鸟依靠什么特征来决定与谁配对？近年来，人们发现了许多非同寻常的择偶标准，其中包括羽毛上的紫外线反射率、鸟巢中的寄生虫数量和大腿上的斑点数量，等等。有些鸟类的择偶方法非常微妙，有的鸟类则简单直接。非洲南部的长尾巧织雀（*Euplectes progne*）就属于后者。

与已经研究清楚的大多数鸟类一样，长尾巧织雀的"择偶权"在雌鸟身上。因此为了更好地展示自己，雄鸟不仅要打扮得光鲜亮丽，必要时还得纵情高歌一曲。由于长尾巧织雀雄鸟往往有多个雌性配偶，因此配偶竞争特别激烈。这也意味着，理论上一只雄鸟可以与任意数量的雌鸟交配。而硬币的另一面是，

如果一只雄鸟本身魅力不足——或者至少不如它身边的竞争者，就很容易在整个繁殖季节找不到交配对象，最终形成赢家通吃的局面：最成功的雄鸟可以获得多达与5只雌鸟交配的权力。

你也许会问，长尾巧织雀雌鸟在挑选雄鸟时看的是什么？有一个明显的特征：尾羽。在繁殖季节，那些会打扮的雄鸟明显尾羽更长更宽。它们的中央尾羽最长，外侧尾羽逐渐变短。显然，这些乌黑亮丽的长尾对飞行是一种阻碍。雄鸟体长通常有15~20厘米，而尾羽则长达50厘米。到了繁殖季，雄鸟的求偶展示十分惹人注目。只见它们缓慢而费力地振翅飞翔，时而垂尾盘旋，时而抬起尾羽，使尾羽形成类似龙骨的造型。雄鸟尽情地炫耀尾羽，很明显这是它们的性特征，但是雌鸟是靠尾羽来择偶吗？

对页：无论雄性长尾巧织雀如何打理羽毛、炫耀肩羽，似乎尾羽的长度才是雌鸟最看重的。

46

上图：长长的尾羽阻碍了雄鸟飞行，但这也是雄鸟炫耀的资本。

支持这一观点的第一个证据是，雄性长尾巧织雀的尾羽长短不一，因此尾羽长短可能是雌鸟择偶的标准之一。雄鸟求偶时还会炫耀它那红彤彤的肩羽，并纵情高歌，所以求偶标准还有其他的可能。马尔特·安德森（Malte Andersson）和同事在20世纪80年代初进行了一系列针对尾羽的变量控制实验，证明了这种联系。

这些科学家深入长尾巧织雀的矮草栖息地，捕捉了大量的雄鸟。之后他们用不同的颜色给雄鸟做标记，并将它们随机分为3组。第一组为对照组，该组雄鸟的尾羽在一半左右的位置被剪掉，然后又被粘回原处，这样就不会改变尾羽长度。第二组的尾羽做了一些大手术。它们尾羽的中段被切除大约25厘米，然后尾尖被重新连接到羽毛的基部，这意味着第二组雄鸟的尾羽被缩短了近一半的长度。第三组雄鸟的尾羽也被剪断，不过这次科学家把第二组雄鸟的尾羽中段粘在第三组雄鸟的尾羽基部和尖部之间，从而大幅延长了尾羽的长度。最后科学家将实验雄鸟放回各自的领地，让它们进行求偶展示，吸引雌鸟交配。面对改造过的雄鸟，雌鸟会做出怎样的反应？

实验结果以雄鸟领地内发现的新巢数量作为参考，这是由于雌鸟负责筑巢，每一个巢都代表一对新的配偶。由于长尾巧织雀是由雌鸟负责孵卵，独立孵育幼雏，所以外貌就成了对雄鸟唯一需要考量的事情，雄鸟的孵育技巧并不重要。对于尾羽变短的一组，领地内只发现一个新巢，不到正常情况的一半。在第三组（雄鸟尾羽被延长）的领地内，似乎所有的雄鸟都收到了圣诞礼物——平均每只雄鸟能吸引到两只新的雌鸟。结果不言自明：雌鸟对改造过尾羽的雄鸟表现出明显偏好，这强有力地表明雌鸟更喜欢尾羽较长的雄鸟。在野外，尾羽越长的鸟类往往年龄越大，经验也更丰富，在鸟类种群中也更受欢迎。

乍看之下，雄鸟尾羽长度只是经验性指标。这种评价雄鸟适配性的标准也许太过简单，可能也不怎么可靠。不过，很多时候长长的尾羽可能是鸟儿活力和健康的表现。尾羽对飞行是一种明显的障碍，已使日常行动很困难，更不用说它对躲避捕食者和求偶展示的影响了。与短尾雄鸟相比，长尾雄鸟面临的挑战更加严峻。所以，雄鸟拖着一条长长的尾羽，是在向雌鸟表明：尽管自己的尾羽很长，但仍然应付得过来。短尾雄鸟的精力往往不如长尾雄鸟，因为如果它们的精力相同，短尾雄鸟会用多余的精力长出更长的尾羽。尾羽生长很可能是一件特别耗费精力的事情。如果这种简单的因果关系成立，那么条件更好的雄鸟会长出更长的尾羽。

还有另外一种巧织雀，有时也会出现在长尾巧织雀的栖息地。扇尾巧织雀（*Euplectes axillaris*）同长尾巧织雀的生活方式非常相似，采取的也是一雄多雌多配制。雄鸟试图通过飞行展示、肩羽炫耀和歌声来吸引雌鸟进入其领地——有的雄鸟甚至会向 8 只雌鸟求偶。此外，类似的实验证明，扇尾巧织雀雌鸟也喜欢尾羽较长的雄鸟。不同的是，雄性扇尾巧织雀的尾羽只比它的身体稍长，应该不会对雄鸟的日常生活造成很大的阻碍。对于扇尾巧织雀而言，也许它们的尾羽讲述的是另一个完全不同的故事，只是故事内容尚待挖掘。

对页：扇尾巧织雀的生活习性与长尾巧织雀非常相似，虽然前者的尾羽要短得多，但尾羽长度还是很重要的指标。

亚洲

大盘尾
天生的煽动者

大盘尾（*Dicrurus paradisaeus*）十分惹人注目——不仅在生活中，在阅览物种列表时也是如此。作为一种中型鸟类，大盘尾的体型比乌鸦小，但尾羽很长，尤其外侧一对尾羽极度延长，且羽轴外露，只有尖端部分有形如刮刀的羽支。飞行时，尾羽上的装饰物不受控制地在鸟儿身后飞舞，仿佛有了自己的灵魂。大盘尾通体呈黑色，有金属光泽，冠羽参差不齐，看起来像刚洗过的头发。眼珠为红色，短而有力的喙向下弯曲。通过以上描述，想必你心里对大盘尾的形象已有所认知。如果你认为大盘尾不好招惹，那你可说对了。

大盘尾生活在亚洲大部分地区的森林里，通常与其他鸟类聚集在一起，所以相当容易找到。似乎群体生活已经融入它的生命当中。早上，大盘尾会充当"老大"，发出响亮的叫声，并模仿它想吸引的物种的声音来召唤成员。某些地区的大盘尾会特意召唤灰头噪鹛（*Garrulax cinereifrons*）和丛林鸫鹛（*Turdoides striata*），这两种鸟都有自己的种群。被这两种鸟深深吸引的大盘尾发出"哔~"的声音来模仿它们的鸣唱和鸣叫，并适时调整自己树栖的高度，只为了让自己更接近这两个物种，仿佛疯狂追星的粉丝一般。在斯里兰卡，大盘尾的追星对象是橙嘴鸫鹛（*Turdoides rufescens*）；而在马来西亚，似乎啄木鸟有着不可抗拒的吸引力。无论生在何处，大盘尾似乎都喜欢有鸟相伴。

这一策略背后的逻辑十分清晰：大盘尾是共生觅食者（*commensal forager*），也就是说它们会时刻觊觎别的鸟的"盘中餐"。当躲在叶子里的昆虫被其他"打前

对页：大盘尾是亚洲森林中的常见鸟类，性情十分聒噪。
它们觅食的时候会静静地站在高处，有猎物从脚下经过时便会猛地扑上去。

阵"的鸟类翻出来后，大盘尾就会趁机夺食。与其在植被中苦苦寻觅昆虫，大盘尾选择在树梢上观察动静。那些小鸟会不断地将昆虫从藏身处翻出来，而在一旁密切关注小鸟行动的大盘尾则从中渔利。有时候大盘尾也会跟在哺乳动物后面，比如灵长类、松鼠，还有其他在地上觅食的动物。

通常情况下，大盘尾和觅食者之间的关系是平等互利的。受邀的鸟儿是自愿聚集觅食，大盘尾无法去胁迫它们。这些鸟儿知道，有大盘尾在身边，对它们也有好处。作为站在栖木上捕猎的好手，大盘尾有一双十分敏锐的眼睛，所以其他鸟类都会立即响应它的警报声。更为奇特的是，大盘尾有时会发出针对特定物种的警报声，仿佛化身为这些物种的守护者。大盘尾不仅能当一个哨兵，它甚至还能攻击掠食者。卷尾科大约有20种鸟类，大盘尾是其中胆子很大、攻击性很强的一种，哪怕面对体型巨大的对手也毫不退缩。大型猛禽、乌鸦、猴子甚至是人有时都会受到大盘尾的攻击。有记录显示，在某次持续的斗争中，一只大盘尾骑在一只双角犀鸟的背上啄食（双角犀鸟不是猛禽，但偶尔也会捕食别的鸟类的卵或雏鸟）。在如此周到的保护

下，林子里的鸟儿们丝毫不介意大盘尾融入种群中。

不过，也不能过分高估大盘尾逞英雄的决心。即使是最令人钦佩的英雄也有缺点，有时甚至会在诱惑面前屈服，大盘尾也不例外。应该承认，有时候大盘尾会利用与其他成员的关系，而且欺骗手段非常巧妙。

不妨把自己想象成一只大盘尾，刚刚度过了糟糕的一天。或许是因为不断错过那些飞到你眼前的昆虫；或许是天公不作美，导致大家都饿着肚子。当这种情况发生的时候，不难想象大盘尾便不再会捡其他鸟儿吃剩的食物，而是转而直接从它们嘴边偷东西——很多鸟类都会这么做。考虑到大盘尾是出了名的好斗分子，而且体型通常比它们觅食的伙伴更大，因此在斯里兰卡，大盘尾偷盗的食物只占到其食物总量的3%，就显得很不可思议了。更令人惊讶的是，大盘尾的偷盗方式既聪明又巧妙。

它们采用的是分散注意力的办法。有时，大盘尾会猛地叫一声，让觅食中的鸟儿停下来，而后趁机捡起受惊的鸟儿掉落的食物。其他时候，大盘尾的叫声则极具欺骗性：在发现某一物种携带了一大块食物后，大盘尾会模仿该物种的

警报声，尽管周围并没有捕食者。这也会导致小鸟受惊逃跑，把食物抛在后面。这就是大盘尾为了偷食而使出的花招。

但很显然，开启虚假警报的先例，对大盘尾来说也不一定是好事。这种诡计重复使用得太多，很可能会适得其反。因为受害者一旦识破骗局，就不再对虚假警报做出反应，甚至不再听从大盘尾的聚集召唤。因此骗术只能尽量少用，不管它多么有效。

在大多数情况下，大盘尾对于小型觅食鸟类来说，还是弊大于利的。少量的窃取和欺骗，相对于大盘尾提供的保护来说，只是一个小小的代价。

上图：大盘尾经常会对体型较大的鸟类发起攻击，比如这只淡喉皱盔犀鸟（*Aceros subruficollis*）。大盘尾看到它接近自己的巢，便毫不犹豫地发起了反击。

黄眉柳莺

迷路的候鸟

鸟类迁徙是一种令人无比赞叹的奇妙现象。许多年来，人们对鸟类迁徙进行了详尽的研究，然而许多新的数字、新的发现仍在不断涌现出来。你可能听说过鸟类会通过地球磁场、夕阳、极光来辨认方向；你可能听说过几天大的雏鸟会在鸟巢里观察星宿，并记住其变化规律；你可能听说过鸟儿从阿拉斯加迁徙到夏威夷的故事。面对着浩瀚而凶险的海洋，一个小小的导航错误就可能让它们葬身海底。鸟儿们是如何在汪洋大海中精准地找到小小的岛链的呢？你可能听说过有的小型候鸟能连续飞行5000公里，而有的大型候鸟甚至能飞上万公里。然而即使需要经历如此漫长的旅程，鸟儿们仍然可以年复一年地回到同一片繁殖地，甚至是几米之内的地方。还有的鸟每年都会在同一天回到繁殖地，而这需要非常精准的生物钟。你也许还知道，迁徙路线基本上已写入候鸟的基因当中，

所以候鸟能够独立完成迁徙之旅。我们了解得越多，候鸟向我们展示的魅力也越发显著。

然而你可能还没有听说，鸟儿们也会犯错，并给自己的生活带来巨大的麻烦。当然观鸟人都知道这种事情，并且每次遇到偏离迁徙路线的迷鸟，他们总是会沉醉在这美妙的邂逅当中。迁徙的候鸟面临着诸多危险，包括风雨迷雾、险恶山川，等等。这些都有可能导致候鸟迷失方向，进而偏离既定路线，当然疲劳也可能导致鸟类对迁徙路线的感知失灵。这样的个体事件只能算一种小小的悲剧。由于迷鸟的样本量太小，它们对鸟类演化进程的影响微乎其微。这一判断同样适用于发生变异的鸟类。它们辨识方向的内部机制出现故障，导致它们在没有恶劣天气影响的情况下，仍然误入歧途。

然而近些年来，越来越多的案例表明，导致候鸟误入歧途的并非个体缺陷

或者恶劣天气，而是别的因素。似乎有某种制度化的失能，导致鸟类频繁地出错，甚至这些错误已经成为鸟类生态当中的常见现象，其中最著名的异常案例是黄眉柳莺（*Phylloscopus inornatus*）。

黄眉柳莺是西伯利亚南部边缘山地阔叶林中一种很不起眼的小鸟，繁殖地从乌拉尔山脉向东一直延伸到鄂霍次克海。与其他物种一样，它们也是在秋季向东南方向迁徙到温暖地区过冬，越冬地从中国台湾到印度东北部。中国香港、新加坡等地也有这种鸟类。这条迁徙路线离西欧有数千公里之远，那里的观鸟人本不应该见到这种鸟。然而奇怪的是，荷兰、英国等地的观鸟爱好者，大多数都见过这种鸟类。黄眉柳莺在这些地方仍然是稀有鸟种，但目前它们已成为这里最常见的西伯利亚迷鸟。英国平均每年有320条这样的记录，这肯定只是真实数字的一小部分。如果说仅仅一个国家就

上图：黄眉柳莺因时常搞错迁徙方向而被观鸟人熟知——它们会在欧洲现身，而不是沿着西伯利亚边境和东南亚之间的正确路线迁徙。

有那么多的迷鸟，那么可以认为这已经成为某种趋势。作为对比，黄眉柳莺的亲缘物种博氏柳莺（*Phylloscopus bonelli*）在法国繁殖。然而这种鸟在英国却十分少见，平均每年只有两次记录。按理说，黄眉柳莺应该是最稀有的鸟类，但它在英国却十分常见。

那究竟是什么原因，把这么多鸟儿带到不该来的地方呢？目前我们还不知道完整的答案，但这个问题很重要，因为还有其他几种鸟类也经常出现在本不应该出现的地方。然而经过一番分析，一个很有意思的现象便浮出水面。如果把黄眉柳莺的正常迁徙路线倒转 180 度，你会发现它们会飞到西欧，于是黄眉柳莺的古怪迁徙路线就变得容易理解了。当然这只是理论推演，因为只有当鸟儿无视地形和天气变化，沿着最短的路线飞过地球表面，才会出现这种情况。目前还没有证据证明有任何一种候鸟会沿着最短路线迁徙。不过这至少告诉我们，在现实当中，黄眉柳莺的迁徙角度错了将近 180 度，把自己带到了西北方向，而不是东南方。

不过，怎么会发生这样的事情？目前最有说服力的解释是，鸟类体内的生物钟——或者至少是它们的季节钟——出了问题，而且一错就是半年。也许它们认为当下正值春天，于是自然遗传的本能把它们带到西北方，而实际上现在却是秋天？也许是春天的时候它们却误以为是秋天，导致自己又折返回到出发地？

还有一种可能是，西北方向的迁徙路线并没有出错。黄眉柳莺在西欧越冬的局域种群（sub-population）已经存在了几千年，只是之前没有被发现。如上文所述，这些鸟类确实在乌拉尔山脉繁殖；也许是西部种群和东部种群之间存在着某种迁徙的分界线，西部种群的鸟类在秋季总是向西北方向迁徙，而不是向东南方向？另一种可能是，由于基因产生了突变，导致乌拉尔山脉或其他地方的鸟类最近开始在欧洲过冬。近年来在西非偶有黄眉柳莺的记录，为这一猜想增添几分可信度。目前我们还不清楚确切的原因，也许还需要找到更多的环志鸟类，并参考更多的研究才能找到答案。

但在找到答案之前，趁此机会欣赏这些集体走丢的迷鸟，也是一件充满乐趣的事情，更何况这并没有损害它们作为候鸟的形象。如果非要说有什么问题，考虑到这么多候鸟依然成功抵达目的地，这一点已经足够让人惊讶了。

对页：不知道这些身长 10 厘米长的候鸟是否能在迷路后回到繁殖地。

水雉

百合花仙子

水雉雏鸟成长在充满动荡的环境中。雉鸻科有 8 种涉禽，水雉是其中一种。这个科的鸟类有个显著的特点，就是它们常年栖息在浮水植物当中，尤其是睡莲。不是每一片淡水沼泽里都能找到水雉，它们只出没于部分或全部被浮水植物叶片和花朵覆盖的水面上。这些鸟儿们在薄薄的植被层上觅食、梳理羽毛、进食、社交，而植被则漂浮在数米深的水面上。为了适应在薄薄的植被层上行走，水雉（*Hydrophasianus chirurgus*）演化出长达 15 厘米的脚趾，这大大分散了体重在植被表面上的压力，因而植被不会沉入水中。即便植被真的沉下去，水雉也能够游走或飞走。不过，很少出现睡莲被水雉踩下去的情况，这真的很了不起。

水雉不仅在这块浮动的"地毯"上觅食、争吵，甚至还在上面筑巢、抚养后代。虽然当个百合花仙子是一件美滋滋的差事，毕竟淡水里有大量的小型无脊椎动物可以填饱肚子，但水雉在产卵和育雏方面，面临的挑战一点也不小。首先，水雉得筑起一个不会沉没的巢。其次，它们还得善于隐藏巢和卵，哪怕栖息地周围并没有太多的藏身之处，很容易受到天敌的捕食。这一切都不容易，因此包括水雉在内的大多数雉鸻科鸟类都采取了一种十分特别的繁殖策略，这使得它们的育雏方式显得十分任性，或者也可以说，动荡不安。

水雉的一生始于漂泊。雌鸟负责筑巢，巢小而湿润（直径 14 厘米），安全性一般。巢体通常由一堆茎叶类植被组成，漂浮在莲叶上。巢中央有一个约 3 厘米深的凹陷，那是产卵的地方。水雉巢并不防水，所以水雉都是在潮湿的地方，甚至是在水中产卵和孵卵。有的雌鸟干脆把卵产在莲叶上。卵的颜色很朴素，伪装得很好，但却没有任何遮挡。不禁让人觉得卵在水雉的繁殖体系中是个相对廉价的存在。

事实上，对水雉雌鸟来说，卵的价

值十分有限。因为水雉采取的是连续性一雌多雄制（sequential polyandry），而且雌鸟的产卵量十分惊人。雌鸟与一只雄鸟结对后，一窝产下4枚卵，几天后又与另一只雄鸟配对，再产下一窝，如此循环往复。有的雌鸟在单个繁殖季内能产10窝雏鸟。雌鸟体型比雄鸟大得多，有的雌鸟体重是雄鸟的两倍。这种两性差异，被称为"逆向雌雄二态"（reverse sexual-size dimorphism），在水雉身上体现得淋漓尽致。而且水雉雌鸟数量也十分稀少，雄鸟数量却比雌鸟多得多。

自然地，一只雌鸟产下的数窝卵不可能全部都孵化。实际上，雌鸟并不是每一窝卵都会孵，有些窝里的卵被放弃了。雌鸟的母性本能主要体现在产卵上，尽管雌鸟有时会保护雏鸟抵御天敌，但这种情况似乎并不会经常发生。相反，照

上图：水雉是世界上唯一长期生活在漂浮植被上的鸟类，它们长长的脚趾能有效分散体重。

看卵这件事主要由雄鸟来完成。

如果你读过关于水雉雄鸟育雏的相关文献，你会明显地感觉到，论文作者往往无法理解雄鸟照顾后代的动机为何。事实上，水雉雄鸟往往在悉心呵护和完全忽视之间来回摇摆。雄鸟有时显得执着而勤奋，有时又显得肆意妄为。看起来，水雉就是如此任性。

当扮演好父亲的时候，水雉雄鸟常常转移自己鸟卵的位置，以保障它们的安全。如果雄鸟觉得自己的巢有被捕食者攻击的危险，例如巢已经遭到了某种干扰，雄鸟就会在自己的领地内另建一个巢，然后把卵搬走。建好新巢后，雄鸟在旧巢前蹲下来，将一枚梨形卵的尖头朝里塞进胸口，用喙固定住卵，然后笨拙地走到大约11米开外的新巢，一边走一边保持平衡。雄鸟转移卵的频率很高：在泰国有人见到一只雄鸟在26天的孵化期内把自己的卵转移了4次。这并非是

上图：一只雄性水雉正在孵卵。如果雄鸟认为巢址附近有危险，就会迅速建一个新巢，并将卵夹在前胸和喙间，一枚接一枚地搬走。

轻而易举就能做到的事情，因为每次转移都要花整整 3 个小时。

尽管这些卵很珍贵，但水雉雄鸟却并非时时刻刻都在用心守护。雄鸟整夜都在孵卵，此外白天最热的时候，即中午11 点到 15 点也会孵卵。但这仅限前 10 天，之后它们在白天就不再孵卵了，而这恰好是卵损失最严重的时期。超过半数以上的水雉卵在孵化前都会损失掉，雄鸟为什么要这样做仍然是个谜。在孵卵的最后一周，情况有所好转，但此时很多卵已经被牺牲掉了。

卵孵化后，雄鸟对雏鸟的保护工作可谓细致入微，其中一个方面尤其值得称道。水雉翅膀内侧有增大的骨头，这使得它们能把雏鸟藏到翅膀下，从而带着雏鸟跑到安全的地方。其他时候，雄鸟会悄悄地领着雏鸟离开，就像母鸡带着小鸡那样。不过，如果附近有捕食者的话，水雉可能会直接发起攻击，或者张开翅膀躺下，佯装自己受伤，试图吸引捕食者的注意力。有人曾见到一只水雉伸出一只脚绕圈子，好像另一只脚被植物给缠住了的样子。

这种勇敢行为体现出亲鸟对雏鸟的呵护，所以很难想象这种鸟类会做出完全相反的事情——杀婴。人们曾观察到雄性水雉的杀婴行为，而且还有一定的规律性。虽然它们不会直接杀死雏鸟，但有时会丢弃巢中的卵。

中国台湾的一项研究发现，相当一部分的雄性水雉会把卵从自己的巢中扔出来，这些卵肯定是活不成的。杀婴现象总是让人震惊，但似乎这些被丢弃的卵只是这种不寻常的交配系统的受害者。由于雌鸟会与多只雄鸟依次交配，所以当雌鸟处于旧爱和新欢的过渡期，这时产下的卵属于谁就说不清了。雄鸟的精子在雌鸟的生殖道内最多可以存活 5 天，如果新欢对雌鸟产的前几枚卵的归属有任何疑问，就会采取极端的手段，将有疑问的卵扼杀在萌芽状态。毕竟，谁也不想把自己的养育精力浪费在别家的卵上。

阿拉伯鸫鹛
众鸟拾柴火焰高

中东地区响起了一阵阵警报。在石质沙漠边缘的一片干枯灌木丛中，清晨的宁静被一连串嘹亮而急切的"滋威"声打破。干涸的河床上布满了红褐色岩石，嘹亮的叫声回荡其中。叫声预示非常危险的状况，于是这些长着长尾羽、前半身有着精致黑纹的褐色小鸟立刻在灌木丛中蜷缩起来。一只地中海隼（*Falco biarmicus*）知道自己已被发现，只好悻悻地飞过天空。小鸟们发出一连串的鸣声和颤音，在嘲讽声中目送扫兴的捕食者离开。这群团结一心的小鸟叫作阿拉伯鸫鹛（*Turdoides squamiceps*），它们刚刚又收获了一场胜利。

整群鸟的安全要归功于最先发出警报的那只鸟。阿拉伯鸫鹛及其近缘物种普遍会给同伴放哨。担当哨兵的鸟儿站在高处，时刻守护着身后的同伴。这些鸟儿已经演化出一系列复杂的叫声，能够帮助它们对危险做出适当的反应。不同的入侵行为会诱发不同类型的叫声：有的叫声表明捕食者站在树梢上，有的叫声表明捕食者离得很远，还有一种叫声表明捕食者在地面上，比如蛇。一旦收到警报，群鸟会根据威胁类型做出反应。这种反应可能是保持低调，等待危险解除，也可能是群起围攻捕食者。

不过，要让阿拉伯鸫鹛的报警系统真正发挥作用，哨兵必须时刻保持专注。鸟群中成员的存活率取决于值守的鸟儿能否保持敏锐的观察力，并及时发出预警。当然每天的警戒工作并非由一只鸟负责，而是由好几只鸟轮班。值班过后，鸟儿也需要进食和休息。和人类一样，阿拉伯鸫鹛集中精力的时间是有限的。

为同伴放哨代价高昂。从事这种活动的鸟儿不仅在一天中的觅食量比同伴少，而且它们主动将自己暴露在显眼的位置，面临着更大的被捕食风险。如果要分析哨兵在阿拉伯鸫鹛社会中的角色，直觉

会告诉你它们有着利他主义精神——为了同胞的安危而牺牲自己。毕竟担当哨兵有生命危险，却没有什么明显的回报。

但阿拉伯鸫鹛的社会没有那么简单。事实证明，当一个哨兵是有回报的。按照人类社会的观念，守卫一方水土是一份责任重大的工作。在人类社会当中，肩负重任者往往为世人敬仰。哨兵在阿拉伯鸫鹛的社会地位也是如此。因此鸟群中的某些个体会积极寻求这一职责，甚至为此相互竞争。早上开始放哨的那只鸟是群鸟的头领，而这只鸟会牺牲3小时来为大家放哨。有时它甚至会主动阻止其他成员接班，大概是觉得周围还有危险。

但是为什么荣誉对阿拉伯鸫鹛来说如此重要？一个阿拉伯鸫鹛种群平均有6~13只鸟，并且群内有严格的等级制度。

上图：一只阿拉伯鸫鹛站在高处放哨，而它的同伴在下面觅食。哨兵是一个备受追捧的工作。

最年长的雄鸟和雌鸟是同性别中地位最高的个体，也是鸟群的领袖，负责每年的繁殖任务。群内绝大多数卵都产自最年长的雌鸟，领头的雄鸟则是大多数乃至全部雏鸟的父亲。尽管在繁殖后代方面没有机会，但群内其他个体都会参与各种育雏活动，包括孵卵、喂养和看护雏鸟。

上图：阿拉伯鸫鹛会对群体领地内的潜在天敌表现出很强的敌意。它们有时会攻击甚至杀死蛇。

不过在这种安排中，有一件事情还有商榷的余地。虽然群内成员难以获得交配权——除非自己是最老的那一只，否则不可能成为群内领袖——但可以通过某些办法来提高自己在鸟群中的社会地位。比如说，如果一个鸟群里有三四只雄鸟，那么这几只地位较低的雄鸟就会日复一日地相互竞争最高职位。在大部分时间里，这种竞争无足轻重。但到了繁殖季，社会地位较高的个体就能享受到红利了。某些情况下，除了领头的个体，群内的其他成员也有繁殖后代的机会。次级（贝塔）雄鸟可能会与雌性首领交配并繁衍后代，而处于从属地位的雌鸟也能为养育后代做出贡献。

地位在雄性首领之下的个体，其行为也会受到影响，因为处于次级顶端的个体会对雄性首领产生直接威胁。因此，雄性首领（阿尔法）往往会为难次级（贝塔）雄鸟，而让威胁性较小的三级（伽马）雄鸟（和其他地位更低的雄鸟）有更多的自由。例如，雄性首领会主动阻止贝塔雄鸟承担放哨任务，而地位较低的个体则不会遭遇这种阻碍。

当然在鸟群中，阿拉伯鸫鹛的社会地位并不只取决于放哨任务的分配。其他许多行为似乎也能改变社会地位。正如为同伴放哨是基于利他主义一样，相互梳理羽毛或相互喂食的动机也是如此。无论是给另一只鸟梳理羽毛还是喂食，这种"服务"都是在表明自己的支配地位。而每接受一次食物或爱抚，社会地位就会下降一次。

不过，为什么要用这种反直觉的方式来体现阿拉伯鸫鹛的地位呢？为什么不能相互争斗一番，这样不就看出来谁的地位更高了？看来在阿拉伯鸫鹛社会当中，避免冲突十分重要。尽管有时冲突难以避免，比如两群鸟争夺同一片领地，往往会导致大量伤亡。不过在群体内部，以含蓄而非激进的方式解决矛盾，似乎要好得多。

就放哨而言，谁在栖息地内站得最高，看得最远，谁的地位也就越高。

金丝燕

生活在黑暗之中

金丝燕没有多彩的羽毛，没有庞大的身躯，也不会吵吵闹闹，很难给人留下什么印象。这个科大约有 23 种鸟，长得都很相似，其中一些鸟种在分类学上还有争议。它们是印太地区的鸟类，在亚洲南部最常见。但在太平洋上，它们的足迹遍布遥远的马尔萨斯群岛。你通常会在森林上方，甚至是在城镇或近海岛屿上看到它们飞行的身影。和雨燕一样，金丝燕也是依靠视觉在空中捕食昆虫。

如果你持续观察金丝燕一段时间，哪怕只是一分钟，你也会对它们超强的飞行能力和机动性赞叹不已。和蜂鸟科（Trochilidae）鸟类一样，所有的雨燕科（Apodidae）鸟类都是用"手掌"飞行的：

它们"手臂"上的骨头被大大地缩短，所以对细长的翅膀进行精细控制的其实是它们的"手掌"①。雨燕无论是加速还是减速都很灵活，快得让你看不清它们是如何做到的，而且它们在狭窄空间里迂回曲折的能力远超其他鸟类。如果在金丝燕的背上装一个小型摄像机，你会拍摄到天旋地转的画面。

如果你坚持长期跟踪热带地区的金丝燕，除了日常觅食外，也关注它们的夜间活动，那你就会发现一片意想不到的新天地。金丝燕往往在山洞、地道、屋内安静的角落里栖息和繁殖。每当夜幕降临，它们就会回到那个永不见天日的黑暗世界中。这些在白天活动的觅食

---

① 雨燕目鸟类的腕掌骨和指骨较长。——译者注

对页上图：有些金丝燕，比如圣诞岛金丝燕（*Collocalia esculenta natalis*），在完全黑暗的洞穴中聚居。

对页下图：大金丝燕（*Aerodramus maximus*）的卵和雏鸟。它们的巢穴主要由唾液和羽毛组成。成鸟用回声定位法在阴暗的洞穴中找到自己的巢。

者有着非常敏锐的视力，它们能够在空中锁定一只落单的小飞虫，完全忽略外界的干扰。金丝燕能够通过回声来定位目标。除了新热带地区的油鸱（*Steatornis caripensis*）之外，这是世界上唯一能够做到这一点的鸟类。回声定位是通过耳朵收集回声来定位的能力。

金丝燕将回声定位的能力与昼行性结合在一起。考虑到油鸱和蝙蝠是夜行性生物，而某些鲸鱼则是在阴暗的海洋深处使用回声定位，你可以认为回声定位只是金丝燕的"兼职"。你也许会惊讶地发现，金丝燕发出的用于定位的声音，其频率在人类的听觉范围之内。蝙蝠发出的高频回声，人耳是听不见的。然而我们却听得到金丝燕发出的回声——一连串的颤音，有点像手指在梳子上划过的声音。虽然金丝燕的回声低于人耳的听觉上限20千赫兹，但对于金丝燕来说已经够用了。金丝燕的案例表明，人类理论上也可以利用这种感知能力，通过自己的回声来判断所处的位置——有些盲人已经初步掌握这种能力了。

但如果你认为金丝燕使用的回声定位能力同样很弱的话，不妨了解一下它们的定位本领。首先，这些鸟儿在完全黑暗的环境中栖息筑巢，它们能够在洞中翻转腾挪，而不会因撞到墙壁而死亡；其次，金丝燕属于群居鸟类，喜爱交际，所以它们飞来飞去的时候还要保证自己不会撞到其他飞行中的伙伴；第三，它们还必须找到合适的筑巢点来筑巢和养育后代。这意味着它们时刻需要了解自己在洞中的位置，以及如何回巢。以上信息都表明这些小鸟有着卓越的空间记忆力。

这些谜题让研究金丝燕回声定位的科学家们兴奋不已，他们在赞叹金丝燕本领的同时，也感到些许疑惑：大多数金丝燕的发声频率在1~10千赫兹（在人类听觉范围内）。按理论计算，它们的识别精度只能达到34毫米左右，再小的物体就无法识别了。然而野外实验表明，金丝燕能够绕开直径为10毫米的竖直棍子，甚至更细的障碍物（在一次实验中绕开了直径6.3毫米的物体）。虽然在发声中包含微弱的超声波就能够识别更小的物体，但生理研究表明，金丝燕的听觉神经元听不到如此高频的声音。

如果金丝燕的回声定位能探测到这么小的物体，那为什么它们要把这么出色的天赋留在洞穴里呢？它们本可以运用这种能力来捕食，就像蝙蝠那样。怀着同样的疑惑，科学家一直在寻找金丝燕夜间觅食的线索，但显然这种行为在群体中很不常见，毕竟金丝燕的活跃时间通常在黄昏。多项研究表明，山金丝燕（*A. hirundinaceus*）只有在洞中才会发出回声。然而可以肯定的是，库岛金丝燕（*A. sawtelli*）和巴布亚金丝燕（*A. papuensis*）在外觅食时会发出回声，大概是为了获取食物。这又产生了另一个问题：为什么有些金丝燕会使用回声定位来捕捉空中的猎物，而有些种类的金丝燕却弃之不用呢？没人知道答案。

所有的金丝燕都能通过回声探测到鸟巢：当金丝燕靠近鸟巢时，它们发出回声的次数都会增加，这与鸟类利用回声定位的特征是一致的。巢体直径50~100毫米。这些鸟儿是通过探测巢体结构差异来找到自己的巢，还是通过附近山洞、隧道或建筑物的地形找到回巢的路，就不得而知了。当然，金丝燕的巢本身就是一种奇观。它们的巢是由硬化的唾液等材料筑成的小平台，通常黏附在洞穴或建筑物垂直面的两侧。大金丝燕（*A. maximus*）的巢由唾液与羽毛混合而成，而澳大利亚金丝燕（*A. terraereginae*）的巢是由唾液与植物混合而成的。值得注意的是，爪哇金丝燕（*A. fuciphagus*）的巢几乎全是由唾液组成的，所以它们的巢成为燕窝的主要原料，是一个价值数百万美元的产业。你对金丝燕了解得越深，它隐藏的秘密就显得越惊人。然而金丝燕的奥妙之处不止于此。到目前为止，对金丝燕生理特征的研究，从大脑到听觉系统都没有发现有什么特别之处，使之在回声定位方面有什么特殊的能力。只要研究的时间足够长，终有一天人们会有所发现。

澳大利亚

白翅澳鸦

我们的队伍需要新成员

白翅澳鸦（*Corcorax melanorhamphos*）是一种有点邪恶的鸟类。它们一点也不起眼，不仅体型比乌鸦小，外形也看不出有什么侵略性。在澳大利亚东南部干燥的内陆地区，它们通常在光线充足的白天活动。除了从表层土壤挖出虫子，或者在落叶下寻觅虫子外，它们似乎不会给其他物种造成麻烦。但白翅澳鸦却隐约透着一股邪气：一来它们周身都是让人惴惴不安的黑色；二来它们有一双奇特的鲜红色眼睛，还长着又长又弯的喙。白翅澳鸦几乎一整天都在地面上行走，这在此种体型的鸟类中非常少见。它们异常安静，只是偶尔轻轻地叫几声。也许某天你在拿望远镜观察树梢上的鸟时，突然听到一阵沙沙声，一小群白翅澳鸦便出现在你的脚下。仿佛它们在悄悄地偷窥你一样。

事实上，白翅澳鸦的陆地生活更多的是苦难而不是威胁。它们似乎是在逆境中磨砺出来的——当然苦难对人类来说

也很常见。白翅澳鸦是这片古老大陆上的原生物种，它们本应该很好地适应这里的环境。虽然其他鸟类和动物也在这里繁衍生息，但在白翅澳鸦不寻常的自然史中，隐约有几个迹象表明，它们生活得特别艰辛。

白翅澳鸦的种群规模通常在20只左右，并且种群能够保持长期稳定。种群中包含一对负责育雏的雄鸟和雌鸟，以及它们在过往繁殖季里生育的后代。平日里，群内成员都在地上活动，彼此间距几米，有规律地共同觅食。每一个种群都有一片领地，相邻种群往往彼此高度戒备。如果两个种群相遇，则雄鸟会先出动，然后全员出击，那场面就像发生在美国西部牛仔电影中酒吧里的场景一样。无论是负责育雏的雄雌鸟还是它们的后代，群里的每一个成员都会参与领地守卫，尤其是在繁殖季期间。

这种团结合作的精神，也延伸到每年的育雏工作中。与很多鸟类，乃至其

他群居动物不同的是，白翅澳鸦无论年长或年幼，都会参与筑巢，哪怕是包含20个成员的种群也是如此。最年幼的白翅澳鸦往往扮演着观察者的角色，而做出实际贡献的还是第二年的个体。它们也有必要做出贡献，毕竟白翅澳鸦的巢需要全体成员共同维护。不同寻常的是，白翅澳鸦的巢几乎全都由泥土堆砌而成，位于高处的树枝上。这种很罕见的结构是不能急于求成的，必须一层一层地建起来，每一层都要被太阳晒得结结实实后，才能再建下一层。虽然有些紧凑，

上图：当白翅澳鸦飞翔或打理羽毛的时候，你才有机会看到它。这种鸟多数时候生活在地面上。

但如此巨大的巢杯确实令人印象深刻。

尽管鸟巢是群体成员共同努力的结果，但生育后代还是由最年长的雌鸟完成，通常一窝产3~5枚卵。雌鸟产完卵后，群内成员又开始共同承担育雏任务，从孵卵到给雏鸟喂食，直至雏鸟长出羽毛，每一个成员都会尽力帮忙。白翅澳鸦对雏鸟的照顾可谓无微不至：在18~20日龄的雏鸟离巢后，整个鸟群会在长达10周的时间里回应雏鸟的请求，在此期间雏鸟会学习觅食的技巧。当然在可预见的将来，雏鸟也会和父母兄弟姐妹们一起留在种群中。

白翅澳鸦的生活充满了艰辛，从它们照顾后代付出的巨大努力就能看出来。但另一个更有说服力的线索是，它们辛勤

上图：白翅澳鸦的巢就像一个泥做的大碗。

寻找食物换来的是少得可怜的果实。在堪培拉进行的一项研究表明，至少65%的鸟巢里有雏鸟成长至羽翼丰满，但所有孵化出的雏鸟中，有三分之二都死于巢中，通常是被饿死的。此外，种群的规模越大，雏鸟存活概率就越高。目前还没有单靠一对雄雌鸟成功繁殖的记录，甚至3只成鸟成功养育后代的记录也没有。显然白翅澳鸦的繁殖任务十分艰巨。

然而，问题还不只是喂养后代。白翅澳鸦需要维护自己的领地，抵抗外界的干扰。如果不能做到这一点，白翅澳鸦繁育后代的工作就会受到影响。减员会导致种群变得脆弱，如果附近的鸟儿意识到这一点，就会主动发起攻击，摧毁对手辛苦筑成的巢。这样附近就没有争抢食物的竞争对手了。这种策略虽然有些残酷，但也说明了白翅澳鸦所面临的生存压力有多大。

有的时候，白翅澳鸦看起来仿佛处于绝望的边缘，而其他鸟类从不会表现出类似的状态。从上面的描述中你会注意到，某种程度上白翅澳鸦雏鸟的存活率与种群规模有关。规模越大的种群繁殖的雏鸟也越多（规模特别大的种群在单个繁殖季里会连续繁殖两窝雏鸟）。对于白翅澳鸦来说，繁殖是件头疼的事情。要想扩大种群规模，唯一有效的办法就是培养出更多的后代，而这需要大量的时间和精力。

或许还有一条捷径可走？没错，还真有一条捷径。无论你是否相信，这条捷径就是绑架另一个群体的雏鸟，而有人真的见过白翅澳鸦的绑架行为。当相邻的种群彼此发生冲突时，群内的雏鸟往往刚离巢，还不会飞，很容易就被抢走并带到对方的领地内。其中一些被绑架的雏鸟后来又回到原先的种群，其余的则生活在和自己并无血缘关系的种群中。虽然这是为了提高繁殖成功率而采取的无奈之举，但听起来也够邪恶的了。

鹪莺

送花的意义是什么？

眼前是一幅十分动人的画面。一只全身闪耀着蓝色辉光的壮年华丽细尾鹪莺（*Malurus cyaneus*）雄鸟，给雌鸟带来了一片粉红色的花瓣。粉红色的花瓣与雄鸟身上钴蓝色的光泽形成了鲜明的对比。为了让这种对比显得更加突出，雄鸟扇动起了耳羽，看起来就像是飘动的胡须。面对如此耀眼的羽毛，如此完美的表现，深受感动的雌鸟接受了雄鸟献给它的花瓣。之后雄鸟便快速扇动翅膀，穿过地面的灌木丛，飞出了视线，只有攥着花瓣的雌鸟还留在原地。在我们人类看来，雄鸟是以胜利者的姿态离开了。

这样的场面，即使是那些长期研究鹪莺的科学家们也难得一见。就连生活在郊区的澳大利亚人也知道，华丽细尾鹪莺是一种天性胆小的鸟类，往往见人就飞。因此要了解这种鸟，不仅需要极大的耐心，还需要布下大量的陷阱，并对抓到的个体进行环志。然而，前文所述的浪漫场景，其背后还暗藏玄机。对于华丽细尾鹪莺的

行为，还没有完全解释清楚。

即使是最休闲的观鸟人也会注意到，华丽细尾鹪莺的种群通常包含5~10只鸟。研究发现，华丽细尾鹪莺种群是由一对成鸟和它们往年生育的后代组成，这在许多群居鸟类中十分常见。往年出生的个体也会给新生的雏鸟喂食并履行其他职责，因此它们也被称为"帮手"。群内成员共享一片领地，并且都肩负着保卫领地的责任。种群里的成员每天陪伴彼此，它们一起进食、一起闲逛、一起打发时间，还经常挤在一起卿卿我我，好像在为家庭合照摆拍一样。

对于大多数群居鸟类而言，每年的繁殖工作都是由一只成年雌鸟完成，辉蓝细尾鹪莺（*Malurus splendens*）也不例外。偶尔会有一只年轻的雌鸟筑巢产卵，但它并不会获得其他成员帮助，因而其繁育的后代生存机会十分渺茫。一年四季，领地都有所归属，并且群内只有最年长的雄鸟和雌鸟才能繁殖，再加上鹪莺的

寿命相对较长，因而大多数个体都要等待几个繁殖季才有机会繁殖后代。

然而当机会到来时，却会发生一件十分奇怪的事情。大多数时候，交配的双方并非来自同一个种群。换句话说，如果一只雄鸟想要和雌鸟交配（雄鸟当然想这么做），那它必须离开自己的领地范围。另一方面，雌鸟似乎也会欢迎外来的雄鸟进入自家领地进行交配。或者说，雌鸟也会为了同样的目的，在自己的领地内寻找外来雄鸟。统计数字能够很好地说明这一现象。研究发现，在华丽细

上图：华丽细尾鹪莺雄鸟和雌鸟在相互打理羽毛。雄鸟和雌鸟能够维持长期配偶关系，但双方都会时不时地与其他异性交配。

尾鹩莺的种群当中，76%的雏鸟都是由种群外的雄鸟所生。

这是非同寻常的数字。似乎种群内的雄鸟和雌鸟之间交配并不存在什么问题，毕竟它们也会产生自己的后代。另外，等级较低的雄鸟和雌鸟交配并不会影响这一比例。因为总体来说，种群内只有最年长的雌鸟才会交配，即使雌鸟的追求者可能是年长或年轻的雄鸟。种群外

联姻普遍的原因肯定不是这个。

还有一项证据表明，这件事情很不寻常：当外来雄鸟入侵自家领地，同雌鸟进行交配并受精时，群内雄鸟的态度十分耐人寻味。通常情况下，雄鸟会对任何来客保持高度戒备。如果抓到对手行为不轨，就会粗暴地将其赶走，但在华丽细尾鹩莺种群内部，雄鸟对于入侵者往往无动于衷，哪怕它们把一切都看在眼

上图：鹩莺是澳大利亚最有名、最具魅力的鸟类之一。这是一只辉蓝细尾鹩莺。

对页：辉蓝细尾鹩莺两性之间差异明显，往往是规律性多配制的表现。

里。这种消极被动的态度极不寻常，令人费解。

到目前为止，还没有人对种群外联姻的高发率给出确定的解释。其中最合理的猜想是，这么做可以防止近亲通婚。群内年长的雄鸟去世后，年轻的雄鸟便继承了父亲在种群内的地位，但它们并不愿意与自己的母亲或姐妹们交配。不过，群内的雌鸟态度却大不相同。因为雌鸟在年轻的时候往往会在不同的种群内走动，所以无论是群内还是相邻种群的雄鸟，它们可能都已经见过了。另一种可能是，这么做能够保障雌鸟繁殖后代的遗传多样性。但这对于任何物种来说都是如此，因此并不能解释为什么会有如此高比例的群外联姻。

目前我们还不知道真正的原因。我们所知道的是，对于华丽细尾鹪莺来说，开头描述的浪漫场景，很可能只是这些小鸟爱情故事的一小部分。在繁殖季初期，筑巢还未开始的时候，雄鸟一大早便会到访雌鸟的领地，带着花瓣作为礼物，匆匆而来，又匆匆离去。它们发出的信息非常清楚：我还会来看你的。

大亭鸟
精心打造的舞台

园丁鸟（Ptilonorhynchidae）因其精心建造的"凉亭"而闻名于世，这些亭子都是雄鸟为追求雌鸟而造的。凉亭造型各异，一般由数千个小物件组成，但都要花费相当多的时间和精力。就体量和复杂程度而言，亭鸟造的凉亭也许是世界上最大的鸟巢，但它们却没有养育雏鸟的功能。事实上，除了吸引雌鸟来交配，它们没有任何其他功能。然而即便是如此华丽的凉亭，往往也不足以打动雌鸟。雄鸟还要在亭中进行求偶展示，但如果动作不到位，它和自己辛苦建造的亭子都会被雌鸟否决。

不难想象，一代又一代眼光挑剔的雌鸟和满腔热血的雄鸟共同造就了更大、更精致的凉亭。相较于庞大而精致的凉亭，雌鸟更喜欢简单但经过明显改良的亭子。仅仅通过增加更多的材料，把凉亭做得更大，或者放置更多的杂物，并不会让雌鸟更加动心。所以追求规模的背后还有别的考量。由于雄鸟经常偷取对手的材料，因此为了抵御偷盗造成的损失，凉亭也不能造得太小。导致雄性亭鸟彼此的竞争诉诸诡计而非体力的原因，是出于某种心理动机吗？最近澳大利亚的两项研究表明，亭鸟的本性就是如此。

大亭鸟（Chlamydera nuchalis）建造的是林荫道。两道并排的树枝做成厚实的墙，中间形成一条狭窄的通道。墙体高度34~46厘米，厚15~20厘米。加上过道，整体宽度为40~60厘米。林荫道的地面堆了几厘米高的树枝。通道的长度约为50厘米。这样的建筑奇观需要5000多根树枝，你也许认为这足以引起雌鸟的注意了。但还没完，在过道一端的地面上还有

对页：又有一只蜗牛的壳被大亭鸟放在亭子里。大亭鸟会收集成百上千只蜗牛的壳，并一只一只地堆起来。

大量的装饰物，数量最多可达 12 000 件。杂物通常是蜗牛壳，但也包括收集到的其他物品，比如哺乳动物的骨头、绿色的果实、叶子、瓶盖、蜥蜴的蜕皮，还有少量红色物品。就连墓地附近的大理石子也被搬了过来。站在这些杂物中间，雄性大亭鸟开始了它的表演。

最近，来自澳大利亚迪肯大学的研究人员研究了大亭鸟求偶场周围放置物品的排列方式。在过往的研究中，人们已经了解到大亭鸟总是将较小的物品放在靠近过道的地方，而较大的物品则放在较远的位置。物品的大小会随着距离的增加而逐渐增大，所以中等大小的蜗牛壳或石头会被放在较小的和较大的蜗牛壳或石头之间。大亭鸟的行为表明，这种排列方式十分重要。如果拿走一些物品，打乱这种排列，大亭鸟注意到以后又会让物品归回原位。这让科学家们开始从另一个角度来审视大亭鸟的工作。

当一只雌性大亭鸟来到林荫道时，它就会站在某处，透过通道观察雄鸟。当科学家们站在雌鸟的视角，便意识到装饰品大小的稳定渐变意味着近处和远处的物品看起来都是大小相等的，所以整体观感比随机排列的物品更有规律。这种园艺设计营造出一个全新的视角，让整个场景看起来更加整洁，而且有规律的布局也让雄鸟更加显眼。

这种布局还有一个潜在的优势。通过视角操纵，将较大的物体放在更远的地方，会让在雌鸟眼前表演的雄鸟看起来比实际更大。似乎有理由认为，与世界上大多数的鸟类一样，雌鸟都喜欢体型较大的雄鸟。

雄性大亭鸟是有意这么做的吗？它们是否意识到，除了人类艺术家、建筑师和设计师外，自己是唯一已知的、能够进行视角操控的非人类物种？目前还没有人能够证实，大亭鸟是否意识到它们所做的事情。有趣的是，只有当雌鸟站在正确位置的时候，雄鸟呕心沥血建造的林荫道才会产生应有的效果。是不是雄鸟不仅要造出分布均匀的场景，还要保证雌鸟会站在合适的位置，从特定的角度来观赏？如果它们真的这样做，那实在是太令人惊叹了。

还有一种亭鸟，叫作斑大亭鸟

对页上图和下图：亭子完工了，接下来便是关键时刻——雌鸟站在过道中间观赏。注意雄鸟凸起的粉红色冠羽。

（ *Chlamydera maculata* ），生活在大亭鸟分布范围以南的干燥地区。作为大亭鸟的亲缘物种，斑大亭鸟也会在林地上打造一条林荫道，并在周围铺设大量的装饰品。雌性斑大亭鸟特别喜欢一种茄科植物（ *Solanum ellipticum* ）的果实，这种暗绿色的果实在林荫道陈列的数量和雄鸟的交配成功率有着明显的关联。

最近，英国埃克塞特大学的一项研究发现，那些存在了多年的凉亭，其周围这种茄科植物的分布密度高于平均值。不仅如此，在刚开始建立领地和建造凉亭时，大亭鸟选址附近的这种植物密度并不高。在新建的凉亭周围，平均每年新增40株植物。积累下来，凉亭10米内的植物数量翻了4倍。凉亭周围这种茄科植物密度越高，雄鸟在亭内就能布置更多的种子，交配成功率也就更高。

当然，雄性大亭鸟不会自己播种，它们也不吃这种茄科植物的种子。这些种子被大亭鸟集中后，它们在地表逐渐皱缩，最终导致凉亭周围大量长出这种植物。

除人类之外，雄性斑大亭鸟是唯一已知的、出于食物之外的原因进行园艺工作的物种。无论它是否有意这么做，这种植物因受到大亭鸟的喜爱而生长茂盛——这看起来也不错，不是吗？

对页：大亭鸟的亭子中可能包含12 000件物品，
当然不可能全部都是天然的。

双垂鹤鸵

这只大鸟惹不起

对森林中出没的大型动物，人类始终怀着某种原始的恐惧感。世界上有些地方真的有被食肉动物伏击的危险。而在其他地方，你也不会去招惹大型食草动物，以免对方发飙，进而对你造成伤害。毫无疑问，你的警惕是对的。在澳大利亚，危险动物的体型要小得多，而大脚丫子啪啪作响的通常都是袋鼠。所以这也能解释当一只双垂鹤鸵（*Casuarius casuarius*）出现在你面前时，你自然的反应是惊恐不安。

双垂鹤鸵是一种大型鸟类，其体型仅次于非洲鸵鸟（*Struthio camelus*）和鸸鹋（*Dromaius novaehollandiae*），位居世界第三。它站起来够得到成年男性的胸口，并且和另外两种鸟一样，都长着爬行动物那样的长脖子，裸露的皮肤上有着铁蓝色。一脸冷漠的双垂鹤鸵，头上长着

一个盔状突。你很容易就能猜到这是用来撞击的部位，而且你猜对了。（这种结构可能还是一个减振器，当它在森林中奔跑，撞到障碍物的时候，可以起到缓冲的作用）。庞大的身躯，极其粗壮的双腿，这身材仿佛是为打橄榄球而生。全身长满了黑色羽毛的双垂鹤鸵，和昆士兰州北部阴暗的雨林浑然一体。尽管这种鸟体型庞大，但在几步之外你就可能找不到它了。

你也许真心希望双垂鹤鸵从这个世界消失，因为它是世界上唯一能对你造成严重伤害的鸟类。

昆士兰当地人会告诉你，你可能会被这种鸟杀死。据当地记载，有一个年轻人曾被双垂鹤鸵踢死。事件发生在 1926 年，当时有两兄弟踏入森林，遇到了这种大鸟。兄弟二人做出了非常不明智的决定，

对页：这只双垂鹤鸵雄鸟正在守护着它的绿卵。
最好不要贸然靠近这只大鸟的巢。

试图杀死这只双垂鹤鸵，而双垂鹤鸵为了保护自己用脚踢向二人。其中一人被踢倒在地，起身后跑掉了。另外一个人，名叫菲利普·麦克林（Phillip McClean），他试图用棍子打死这只大鸟，但很快他就被击倒了。悲剧的是，这名 16 岁的少年被双垂鹤鸵踢中了喉部。后来男孩虽然成功逃脱，但由于伤口位于要害部位，不久后就死了。

虽然这是澳大利亚唯一已知的双垂鹤鸵造成的死亡事件，但在大陆北部不远的新几内亚岛也有伤亡报告。在双垂鹤鸵的分布范围内，还生活着两种亲缘关系很近，但体型稍小的鸟类。一些早期到访新几内亚的探险者讲述了当地村民被双垂鹤鸵杀死的故事。最近有传闻发生了一起无端袭击事件，造成两人身亡。数千年来，双垂鹤鸵和村民们生活在同一片土地，因此认为它们偶尔会对人造成致命伤害，似乎并非空穴来风。双垂鹤鸵甚至曾对小狗下手。还有人报告双垂鹤鸵杀死了一匹小马。这些攻击

事件究竟是怎么造成的？

原来，双垂鹤鸵最具杀伤力的并不是它的体型，甚至也不是正蹬的力量。它的致命武器藏在腿的下面。双垂鹤鸵每条腿由 3 个脚趾支撑，中间的脚趾上长着 10 厘米长的利爪。这就是它的秘密武器，也是造成严重伤害的罪魁祸首。理论上，双垂鹤鸵可以把一只狗那么大的动物开膛破肚。而事实表明，它造成的伤口直径不超过 1.5 厘米。但如果不幸被刺伤大动脉，受害者会因失血过多而死亡。更糟的是，双垂鹤鸵会跳起来，双脚同时踢向目标，造成双倍的伤害。近几年来，澳大利亚的双垂鹤鸵袭击案例不断增加，并被人们记录在案。截至 1999 年，澳大利亚昆士兰州凯恩斯市周围共发生 221 起事件，其中 150 起是针对人的，35 起是针对狗的。除造成一人死亡外，还有 6 人重伤，包括皮肉刺伤、骨折等。双垂鹤鸵会跳到倒地的人身上，继续用脚踢受害者，伤势最重的 4 个人都有这样的经历。在最近发生的另一起事件中，一

对页上图：尽管体型高大（高1.8米），但这些生活在森林中的鸟类很容易便消失在植被中。

对页下图：双垂鹤鸵又粗又壮的双腿。请注意每只脚趾内侧又长又尖的爪子，这是一种可怕的武器。

93

名男子为躲避一只双垂鹤鸵而掉进湖里，但没有受伤。

这些案例虽然很可怕，但双垂鹤鸵并不会主动找麻烦。事实上，在1985年之前，类似的攻击案例非常罕见。不过也许从那时起，一些双垂鹤鸵个体克服了对人类的恐惧，它们甚至还流浪到城镇中。双垂鹤鸵是食草动物，有的个体已经习惯于被人喂养。有趣的是，生活在城市里的双垂鹤鸵有时会把门窗踢开，大概是因为看到了自己的倒影。双垂鹤鸵最近攻击人类的案例主要是用头顶撞。许多人在雨林中前行时，被双垂鹤鸵跟踪了好几分钟。这些双垂鹤鸵只是看起来有威胁，但不会直接攻击人类。

但驯服这个词，显然并不适合双垂鹤鸵。在与双垂鹤鸵擦肩而过时，我们最好小心它们的攻击倾向。事实上，在动物园里饲养的动物攻击人类的案例中，有好几起是由双垂鹤鸵造成的。此外，据说最近在新几内亚发生的死亡事件，凶手都是曾经由人类饲养、而后在野外放生的双垂鹤鸵。四分之三的袭击事件是人类用手向双垂鹤鸵喂食时发生的。

因为喂食而受到攻击，这样的事情透着一股讽刺的味道。如果你和我一样，在人来人往的小路上遇到了一只双垂鹤鸵，说明你遇到危险了。不过，如果你在森林深处，不经意间遇到一只野生的双垂鹤鸵，你反而是安全的，虽然眼前的大鸟看起来很吓人。

对页：双垂鹤鸵完全由雄鸟负责孵卵和照顾雏鸟，这需要花费一年的时间。

杂色澳鸲
澳鸲的群体生活

"物以类聚，鸟以群分。"（Birds of a feather flock together.）这句脍炙人口的谚语，说明了人们对鸟类的看法——它们是一种社会性生物，经常成群聚集在一起。这句谚语不仅体现了人们对鸟类的善意，也常常指代人与人之间的社会交往。

然而大多数资深观鸟人都知道，鸟类的群居生活其实是把双刃剑，其中充满了竞争和纠纷。大多数的鸟群，特别是那些保持长期稳定的鸟群，会形成明显的等级制度，群内的某些个体在觅食地、筑巢地、栖息地等方面都比其他成员占优势。如果劣势个体逾越等级界限，优势个体往往会做出激烈的反应，通常是以肢体攻击的形式，把另外一只鸟从栖木上赶走。最坏的情况下，劣势个体甚至会被杀死。这种情况有时会发生在成群的翻石鹬（*Arenaria interpres*）当中，当某些个体在"未经授权"的地点进食时，便会受到攻击。

对于处在社会结构底层的个体来说，生活充满了艰辛，而结局往往十分残忍。在喂食点，处于劣势地位的个体可能会因为长期无法获得所需的食物，导致身体日渐衰弱，最后死亡。在繁殖季，劣势个体往往在寻找领地或合适的筑巢地点时吃到闭门羹。而在夜间休息的时候，姿势不对都可能导致自己丧命。在群体边缘栖息的个体很可能会被捕猎者吃掉或者冻死在严寒当中。

遗憾的是，劣势个体如此凄凉的生活遭遇，是它们的日常。但苦难并非生活的全部。最近澳大利亚新南威尔士州的 R.A. 诺斯克通过对一种生活在疏木林地和灌木丛的鸟类——杂色澳鸲（*Daphoenositta chrysoptera*）的研究，发现了一个令人欣慰的例外情况。

杂色澳鸲是一种群居性的小型鸟类，生性活泼，种群内平均有 5 名成员。与许多群居鸟类一样，杂色澳鸲的种群由一对成年雄雌鸟和依附在成鸟周围的个体

组成，包括往年出生的幼鸟，有时种群规模会扩张到十几只。白天鸟儿们相互挨在一起，在同一棵树上一起觅食，一起从一个地方飞到另一个地方，时不时停下来相互梳理羽毛。不过，种群内也是有等级制度的。年长的成鸟有权决定种群下一次觅食的时间和地点，以及晚上睡觉的时间。然而，杂色澳䴓的等级制度有一个显著的特点，体现在它们栖息时的"座次"安排上。

当太阳下山，群鸟结束了一天的觅食活动，群内的优势雄鸟便会选择夜间休息的地点。一般来说，它会选择在离地面9~16米高的树杈上休息，通常站在树杈靠下的分支上。这样在最内侧睡觉的鸟儿就能被固定住，而树枝的另一根枝杈能够很好地遮住鸟儿们的脑袋。一旦优势雄鸟选定适合连续过夜的地方，它就

上图：杂色澳䴓（*Varied sittella*）大部分时间都是在树干和树枝附近觅食，其觅食方式类似于其他䴓科（Sittidae）鸟类。

会告诉其他成员自己的计划。不过群鸟并不会立刻冲向目的地，而是间隔30~60秒依次前往，以免引起捕食者的注意。

首先到场的是没有繁殖权利的劣势雄鸟。观察表明，这只雄鸟会主动选择最内侧的位置，也就是树杈的根部。与此同时，拥有繁殖权利的优势雄鸟会落在劣势雄鸟之后的位置。接下来到场的其他成员并非从里向外依次落位，而是挤在已经落位个体的缝隙间。首先是拥有繁殖权利的雌鸟，但有时也会被其他年轻雄鸟抢先。不管是哪种方式，最后进入的个体总是那些刚离巢几个月的雏鸟。这些雏鸟每次都占据群鸟最靠内侧的位置。群鸟安顿下来后，拥有繁殖权利的优势雄鸟总是在外围。有时树枝上站的鸟儿比较多，而树枝又比较短，这时再有劣势雄鸟挤进来，优势雄鸟就会从树枝末端掉下去。

杂色澳鸭不仅有着固定的入驻顺序，而且不同个体的睡眠时间也有所差异。你其实可以看出来一只杂色澳鸭是否睡着了。因为当它刚挤进群里时，采取的是头朝下，尾羽朝上的姿势，而在沉睡的时候，它的身体姿势是水平的。通过仔细观察，诺斯克发现，年龄最小的鸟

上图：杂色澳鸭一种喜爱社交的鸟类，
它们大多数活动都是在集体中进行的。这群鸟正在梳理羽毛。

对页：到了夜间休憩的时候，鸟群中地位较低的成员
就会占据最里边的位置。

儿会先睡着，而最后睡着的是优势雄鸟。二者的入睡时间间隔是相当大的：最后一只鸟可能在雏鸟入睡 48 分钟后才睡着。

澳大利亚的寒冷天气对杂色澳鸲来说通常不是问题。而且可以很明显看出来，成群入睡不仅能够巩固彼此的社会关系，还能提供额外的安全保障，使其免受天敌的侵袭。可以清楚地看到，优势雄鸟在黑夜里仍然保持清醒，以确保周围没有危险。它不仅占据着鸟群的外围，还时刻守护着群体的安危。

如果你想知道这种座次安排有多么的不寻常，那你不妨再了解另一个已经被研究透彻的物种——北长尾山雀（ *Aegithalos caudatus* ）。这些鸟儿生活在类似的种群当中，夜间也会挤在一起入睡。当天气寒冷时，鸟儿们挤在一起后形成一个小群体，能够有效降低表面积与体积之比，从而减少每只鸟的热量损失。然而，群体外围的鸟类热量流失得更快，也更容易被捕食。但这时优势个体却毫无羞耻地躲在群体中间。哪怕是亲鸟，它们也会让自己的后代在外围遮风挡雨。这与杂色澳鸲做出的牺牲有着天壤之别。

北美洲

白喉带鹀

两种鹀的故事

通过以下两种鹀（Emberizidae）的对比描述，你能猜到它们是什么鸟种吗？二者在北美地区都有广泛的分布。鸟种A喜欢在开阔地带出没，比如花园、灌木丛和林地边缘。鸟种B在密集的植被中生活，比如矮树丛。它的鸣声音调略低，波长较长，能更好地穿透这种生境。鸟种A唱起歌来没完没了，而且这种小鸟无论雌雄都会频繁地鸣唱。雄雌鸟都会参与领地争夺的激烈斗争中，都会做出咄咄逼人的姿态，这表明雌鸟和雄鸟保持着亲密的关系。而对于鸟种B来说，鸣唱并非它们的热情所在。虽然随着季节的推移，雄鸟的确会唱得多一些，但鸣唱的频率仍然很低。而且，这种鸟并不愿意展现自己。与鸟种A相比，它们显得与世无争，即使是和身边的鸟类也很少起争执。

两种鸟有着相似的繁殖策略，但在繁殖效果上却有显著差异。两种鸟都采取社会性单配制，即一雄一雌配对，相互分工，合作繁育。然而，鸟种A的雄鸟经常跑到邻居家里拈花惹草，和别的雌鸟长期保持交配关系，全然不顾自己已经有一个很舒适的家了。鸟种B的雄鸟则安分守己得多。二者性格上的显著差异，是因为鸟种B的雄鸟以家庭为中心，比鸟种A的雄鸟投入更多的时间来喂养雏鸟。从承担父亲责任的角度来说，鸟种B远比性激素过剩的鸟种A要好得多。

说到这里，北美的资深观鸟人可能已经猜到了答案。但我想最后给大家提供一条线索，描述一下两种鸟外观上的差异。这两种鸟长得非常相似，但鸟种A的胸口是暗灰色，而鸟种B的胸口有着棕色的条纹。鸟种A有着纯白色的眉纹，

对页：长着干净清爽的白色眉纹，唱着备受北美观鸟人喜爱的"欧萨姆-皮博迪，皮博迪"歌曲，这便是白喉带鹀的白眉亚型。

与黑色的眼纹和冠纹形成鲜明的对比；鸟种 B 的眉纹是棕色，与较为暗淡的黑纹对比就不那么明显了。

现在你应该已经知道，这两种鸟有着截然不同的习性。那它们究竟是什么鸟呢？它们都是白喉带鹀（*Zonotrichia albicollis*），A 是白眉亚型（WS），B 是棕眉亚型（TS）。没错，这不是两个物种，而是同一种鸟的两种颜色不同的亚型。白喉带鹀是美洲大陆最知名、最受欢迎的鸟类之一，那清脆悦耳、活泼欢快的"欧萨姆 - 皮博迪，皮博迪"歌声让人一听就能认出它。有意思的是，作为北美鸣声最好听的鸣禽之一，白喉带鹀那美妙的歌声主要来自棕眉亚型。

白眉亚型和棕眉亚型总是形影不离，所以有白眉亚型分布的地方，就有棕眉亚型。而且二者没有过渡形态。在冬季，两种类型的鸟儿几乎没有什么区别，但到了繁殖季，它们的差异会变得十分显著。两种类型的鸟儿在种群中的比例大致为 50：50。维持均等比例的原因在于，白眉亚型只和棕眉亚型寻欢，而棕眉亚型也只找白眉亚型交配。躁动的白眉亚型雄鸟搭配的是温顺的棕眉亚型雌鸟，而模范父亲棕眉亚型雄鸟则与性情活泼

的白眉亚型雌鸟做伴。这就是所谓的非选型交配（disassortative mating）。

同一物种内存在两种形态的个体，这种情况在鸟类当中是独一无二的，尤其是具有稳定遗传的两型性鸟类。白眉亚型和棕眉亚型的 2 号染色体完全不同，棕眉亚型的一对 2 号染色体完全一样，但白眉亚型的一对 2 号染色体上的其中一个具有一段倒置的染色体片段。看来，这个反转的片段包含完整的遗传物质，是一个负责表达差异的超级基因。这种染色体排列显然抑制了混型的存在，再加上鸟类几乎总是与异性配对，这确保了两型性的世代相传。

其他鸟类中都不存在这种特殊两型性，因此白喉带鹀已然成为遗传学家研究基因、激素和生命史之间联系的绝佳物种。目前已经有很多相关的研究成果。科学家们通过测量，已经发现了雄性激素水平和两种形态之间的联系：毫无意外，白眉亚型的雄性激素水平较高，它们的睾丸和泄殖腔开口也较大。

另外，棕眉亚型雌鸟的雌性激素水平高于白眉亚型雌鸟，这也在预料之内。在繁殖季开始之前，白眉亚型雄鸟与棕眉亚型雄鸟相比，皮质类固醇水平有所

增加。因此，如果你把白眉亚型雄鸟描述成打了兴奋剂的棕眉亚型雄鸟，也不会错得太离谱。

目前，这方面的研究还在继续，但每一项新的研究似乎都能发现更多的白眉亚型和棕眉亚型的差异，尽管它们是同一物种的不同亚型。

其中最吸引人的发现莫过于这种差异有着古老的起源：据估计，2号染色体大约在220万年前便彻底分道扬镳。也就是说，白喉带鹀在分化出亚种之前，染色体的变异就已经发生，因而两型的产生早于物种分化。

上图：安静沉稳、长得像雌鸟一般的白喉带鹀棕眉亚型。
它和白眉亚型差异巨大，几乎可以说是不同的物种。

黑顶山雀
花园鸟儿的记忆力

说起鸟类和人类能力的对比，我们很容易接受，鸟类在某些方面比我们更胜一筹。首先人类不能飞行，也不能像鸟类那样长时间朝着某个方向准确地前行，而鸟类却经常在没有任何帮助的情况下进行长途迁徙。我们不难理解鸟类在感官方面的优越性：它们的视力更清晰，能看到紫外光线；而像猫头鹰这样的鸟类还有着无比敏锐的听觉。鸟类拥有人类缺乏的磁感应能力。鸟类被造物主赋予了许多生理上的优势。

不过，当你坐在厨房里喝咖啡，闲来无事地看着觅食的鸟儿来来去去时，你会不会惊讶地发现，你花园里的一些鸟儿可能在脑力方面的表现比你更强？许多关于山雀认知能力的研究表明，情况确实如此。与我们相比，有些桌边小鸟的空间记忆力超群。

在冬季，黑顶山雀（*Poecile atricapillus*）主要以种子和坚果为生。这些植物有两个区别于其他食物的显著特点。第一，它们保质期很长。这些种子都演化出坚硬的外壳，从而避免胚发生腐烂。拥有长久的保质期，种子才有可能在未来的某一天被路过的动物带走。种子在生态学上的另一个重要特点是，它们在一年中只有秋季会大量产生，尤其是在较冷的温带。第一个特点使得种子的长期储存成为可能，第二个特点使得储存种子的物种能够获得显著优势。

因此到了秋冬季，在人工喂食点觅食的黑顶山雀并不会把发现的食物都吃光，而是把部分食物带走，藏在各种不同的地方，比如地衣、苔藓、松软的地面（甚至是雪地）、干枯的树叶、树干的缝隙、开裂的树皮下面，等等。夏季，它们也会储存一些肉食，比如死蜘蛛，但只是短暂地储存一段时间，储藏的绝大多数食物还是坚果和种子。值得一提的是，这些食物都是单独存放的，每个储藏点只有一粒种子。如果一只鸟儿把大量的食物藏在一个储藏点，而这个储藏点恰

好被发现并被洗劫一空,那后果将是灾难性的,会毁掉小鸟数小时的努力。通过分散储藏,黑顶山雀就能保证食物的安全。

黑顶山雀储藏食物可能是基于以下两个原因。第一个原因是为了巩固食物的归属。喂食器是个热闹的地方,因此花点精力把种子从公共区域带到别的地方享用,这样进食的时候就不那么容易被打扰或被别的鸟抢走。第二个原因是,储藏的食物可供日后随时享用。对于黑顶山雀来说,这是非常有价值的资源。因为随着冬季到来,种子供应量会减少(当然喂食器不会断粮,但自然环境中会减少)。如果一只黑顶山雀平日里有储藏的食物,遇到野外食物严重不足甚至完全断粮的时候,就能维持基本生存。

不过对鸟类来说,储藏的食物只有在

上图:一只黑顶山雀衔着一粒种子。它会储存成千上万粒种子,以备不时之需。

日后找得到的情况下才有用，这需要满足一定的要求。首先，这种鸟必须长期居住在同一片领地内，它既不能在树林里四处游荡，远离自己的藏身之处，也不希望其他鸟儿闯入自己的领地。黑顶山雀恰好符合这个条件，它长期居住在同一片树林或后院里，甚至往往是终生住在那里。第二项要求对鸟儿有着深远的影响。如果要想让分散储存的食物产生价值，鸟儿就必须得记住它把食物藏在哪了。

事实上，鸟类能够通过各种方式找回储存的食物。比如在有可能储藏食物的地方随机地搜寻，或者使用特定的搜索方法找到食物。有的鸟类甚至能够标记储藏点。然而，对捕捉到的黑顶山雀进行的实验表明，这些鸟儿确实是靠记忆来寻找食物的。科学家大卫·雪利（David Sherry）和他的同事在一个鸟舍里钻了70个洞，用来考验几只黑顶山雀是否能找到藏在里面的食物。把四五颗种子藏好后，科学家把山雀带出去，清理干净鸟舍，并把种子全部收走，用薄片盖住储藏点，让它们看起来和之前不一样。尽管如此，当山雀被放回鸟舍时，它们在陌生鸟舍寻找种子的时间是使用过的鸟舍中的 10 倍。这一实验强有力地表明，

黑顶山雀是通过空间记忆寻找食物的。

进一步的研究发现，黑顶山雀有着更为惊人的记忆能力。原来，它们不仅能记住了自己的储藏点，还能记住觅食时遇到但没有去捡的种子或坚果的位置。令人惊讶的是，它们只用拜访一次储藏点，就能记住至少一个月，乃至更长的时间。

如果黑顶山雀只用了几个储藏点的话，这一切就显得平凡无奇了，但事实并非如此。它们用的储藏点相当多，具体数量取决于它们的分布区域——在美洲大陆北方繁殖的山雀比南方的山雀的储藏点更多。但无论怎样，一只黑顶山雀至少使用几百个储藏点，因为它们一天之内会储藏 100 颗甚至采更多的种子。有的山雀甚至会用上千个储藏点，比如黑顶山雀在欧亚大陆的近亲——褐头山雀（*Poecile montanus*）。有人认为这种鸟一年可以储存 50 万颗种子。褐头山雀能记住 90% 的储藏点，黑顶山雀的记忆力可能也差不多。

鸟儿们是如何拥有如此强大的记忆力呢？其中的秘诀在于海马体，这也是人类大脑中与空间记忆有关的部分。山雀的海马体相对来说比不储藏食物的物种要大。

因此，如果在日常生活中，你因为自己忘了把一封信或者文具放哪了，抑或是因找不到车钥匙而感到苦恼的时候，不妨看看窗外喂食器吧。喂食器上的鸟儿，包括黑顶山雀，可能都比你更能找到自己需要的东西。

上图：黑顶山雀是后院喂食点的常客。

美洲燕
非自然选择

美洲燕的英文名叫作 American Cliff Swallow，但这个名字如今已经不准确了。1817 年首次对美洲燕命名和描述时，它是一种在垂直岩壁上筑巢的鸟类，比如悬崖、地表裸露的岩石、峡谷、石头墙，等等。它们的巢形似葫芦，顶部有一个狭小的开口，很适合这样的地貌。巢由数百颗泥粒组成，可以粘在任何合适的表面上。巢通常位于遮挡物下方，离地高度不定，只要能确保捕食者无法触及即可。

然而，如今只有少数的美洲燕（*Petrochelidon pyrrhonota*）坚持在自然环境中繁殖了。现在它们更喜欢房屋、桥梁、涵洞和其他建筑物。随着人类文明的发展，这些建筑物已经遍布美洲大陆的各个角落。人类的出现，让美洲燕的数量和分布范围都有了很大的扩张。曾经，美洲燕只分布于大平原和西部。但在过去的 150 年里，它们几乎征服了整个北美东部地区。随着人们建造的设施越来越多，美洲燕的数量也在不断扩张。

因此从某种程度上说，今天的美洲燕是适应人类发展的物种。当然，这也造就了它们种群繁荣的现状。但最近在美国内布拉斯加州的一项长期研究表明，人类同美洲燕的联系不止于此——还有身体上的关系。

这一杰出的、也许是前所未有的研究，源自一场奇妙的邂逅。来自美国俄克拉荷马州塔尔萨大学和内布拉斯加林肯大学的一对夫妻研究员，在 30 多年前就开始研究美洲燕的种群。他们的研究地点是内布拉斯加州西部尘土飞扬的路边，那里到处都是桥梁、立交桥以及各种道路建筑，鸟类的数量也非常多。查尔斯·布朗和玛丽·邦博格·布朗一直将注意力集中在美洲燕的社会行为方面，这项工作需要对数百只美洲燕进行诱捕和着色标记，并对不同种群的个体进行各种测量。在研究过程中，他们碰巧收集到了一些死亡鸟类的标本，有死于交通事故的，有意外死亡的，也有不幸落入网中死亡的。当时他们并不知道，日

后这些标本会给他们提供最有趣、最非凡的研究成果。

在夏季工作的过程中（美洲燕在冬季会迁徙到南美洲），布朗夫妇注意到，这几年来路边发现的鸟类尸体数量有所下降。这项研究始于 1982 年，在 1984 年和 1985 年的繁殖季期间，二人共发现大约 20 只死在路上的美洲燕，但最近几年，每年死亡的数量下降到只有 5 只。让这

一现象更为有趣的是，同一时期美洲燕的种群数量增加了一倍（要不是这一点他们可能永远也不会注意到路杀数量的变化）。似乎有什么原因导致美洲燕与汽车的碰撞次数下降。鸟儿们显然比过去更擅长避开汽车了。

布朗检查了各种可能的因素，包括车流量的变化。然而，即便把这些因素都考虑进去以后，美洲燕死亡的数量和方

上图：美洲燕收集泥土筑巢。它们经常在路边收集泥土，而且已经适应了来往的车辆。

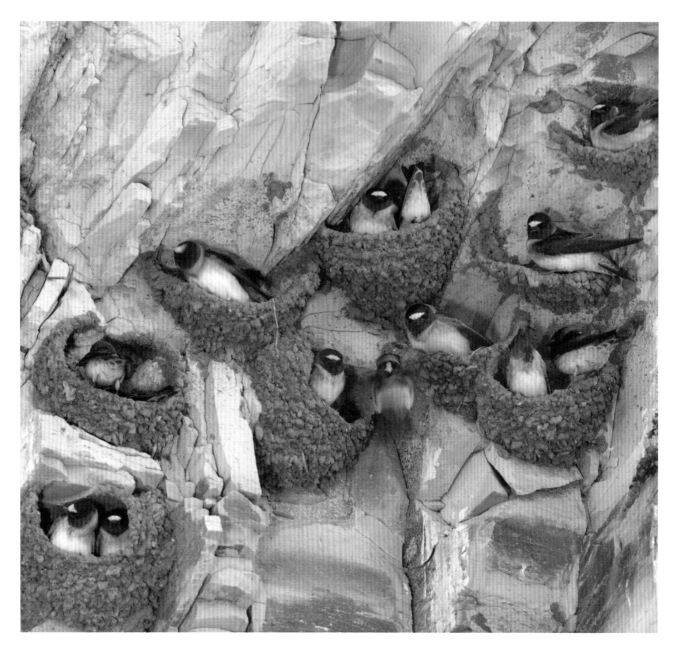

式都没有受到影响，因此都不太可能造成数据的差异。他们还检查了被捕食和疾病的影响，并调查了食腐动物的种群或习性是否发生了变化，从而影响到被人捡走的美洲燕尸体的数量，发现这些变量都没有明显的变化。但是他们惊讶地发现，美洲燕本身已经发生了变化。

布朗夫妻收集到两组完美的数据可供比较：被汽车撞死的个体（104 只）和以其他方式被撞死的个体（134 只），样本量足以代表整个种群。当他们测量每组美洲燕的翼长时，发现被汽车撞死的美洲燕平均翼长为 112 毫米，另外一组的平均长度为 106 毫米。换句话说，死在车轮下的美洲燕翅膀比较长。

对比多年来测得的活鸟的平均翼长，还有一个统计数字更能说明问题。布朗夫妇发现，美洲燕的平均翼长从 1982 年的 111 毫米下降到 2012 年的 106 毫米。虽然单翼仅仅短了 5 毫米，但这意味着 30 年来美洲燕的翼展缩短了整整 1 厘米。

如果对两组数据进行分析，很容易就能得出两个结论：首先，与短翼美洲燕相比，长翼美洲燕更容易被汽车撞死；其次，多年来的自然选择偏向于短翼的个体。翼展较短的鸟类更容易存活，并将其翼展缩短的倾向传给后代。

较短的翼展可能带来什么好处？布朗夫妇认为，较短的翼展使得鸟儿的机动性更强，因此能够更有效地进行急转弯，从而避开来往的车辆。其他科学家对鸟类飞行动力学的独立研究也证实了这一点，而且还发现，翼展较短的鸟类更容易从路边起飞。

现在还无法确凿地证明内布拉斯加州的美洲燕是为了躲避车辆而演化出更短的翅膀。可能还有其他因素在起作用。不过，如果没有新发现的话，这至少说明鸟类有能力迅速适应人为因素。

毕竟，美洲燕在演化的过程中产生适应，也是有依据的。它已经高度适应在人类建筑物上筑巢，并且受益匪浅。为什么它不会适应移动的车辆呢？

对页：美洲燕是一种喜爱社交的鸟类，有些美洲燕的群落包含3500个巢。
除了悬崖峭壁之外，它们往往会选择在房屋和桥梁上筑巢。

栗翅鹰

集体猎杀

如果动物也会做噩梦的话，那梦中一定有栗翅鹰（*Parabuteo unicinctus*）。许多体型较小的鸟类和哺乳动物每天都要面临被鹰等猛禽袭击的威胁。这些动物不得不时刻保持警惕，即便是短暂地放松神经都可能致命。你可能会认为，是猛禽的威胁使得这些小动物变成了现在的样子：反应敏捷，逃跑迅速，而且从不放松警惕。大多数猛禽虽然有着致命的威胁，但至少这种威胁是以一对一的方式出现的。但是栗翅鹰带来的却是多重的威胁。栗翅鹰是世界上唯一一种以小团队的形式合作捕猎的猛禽，它们的队伍通常由 2~6 名捕猎好手组成。

合作捕猎在猛禽当中比较常见，但大多数是以两只为一组进行捕猎活动的。以金雕（*Aquila chrysaetos*）为例，捕猎时其中一只猛禽冲向猎物，而另一只则在猎物躲避第一只猛禽的时候实施拦截。不难看出两只鸟的合作捕猎有着显著的优势：为了对方的利益而行动，最终自己

也能获得收益。就栗翅鹰而言，捕猎是以小团队的形式进行的，确切来说组成小团队的是属于同一个家庭的成员。但它们捕猎的手段之高超，远超任何一种陆生的空中捕食者。栗翅鹰队伍里的成员都是训练有素的捕猎好手。

捕猎前，它们会聚集在一个合适的地点，比如同一棵树上，或者同一根架空线上。这就是所谓的"集合仪式"。这些猛禽让人觉得它们就像是在开会商讨策略一样，或者像篮球队成员在开场前一起鼓舞打气一般。仿佛听到了某种无声的号角，所有的栗翅鹰一同出动，飞入沙漠之中。一开始，每只猛禽会在地面上方停留一段时间搜寻猎物，通常每次 5 分钟左右，接着它会向上飞 60~300 米，站在更高的地方观察。这些猛禽会连续侦察数小时，同时保证成员彼此都在视线之内。有的成员侦察了一段时间后便离开现场，过了一会儿又回来，这都是很正常的现象。

　　一旦有成员发现猎物，它就会提醒其他成员，然后根据实际情况，沿着几条不同的路径进行捕猎活动。如果目标（也许是兔子或鹌鹑）出现在开阔地带，猎手会迅速地协同出击。这是最简单的捕猎手段，但看起来仍然很震撼：大约在同一时间，所有的成员从四面八方向猎物聚集。倒霉的猎物根本来不及寻找掩护，它所有的逃生路线顷刻间都被栗翅鹰切断了。

　　有时，猎物会藏在附近茂密的植被中，如果捕猎的目标是穴居哺乳动物的话，捕猎就失败了。不过，如果猎物只是被困住，栗翅鹰就有办法把它变成一

上图：栗翅鹰会组队捕猎。捕获猎物以后，
成员还得保卫自己的那一份猎物。

顿大餐。先是一两个成员冲进植被当中，将猎物赶出来，其他成员则站在高处观察现场，如果猎物逃脱出来就迅速出击拿下。当然它们经常会失败，正因如此，单独捕猎就更没有成功的机会了。

　　有时，一群栗翅鹰会遇到高价值猎物，通常是兔子，比如沙漠棉尾兔（*Syvilagus auduboni*）或黑尾长耳大野兔（*Lepus californicus*）。这类动物的抓捕难度相当高，要想抓住它们需要采取另一种合作捕猎的办法。这时，栗翅鹰就会像接力赛跑一样轮流跟踪目标，大幅延

上图：对于栗翅鹰来说，像兔子这样的大型哺乳动物是高价值目标。如果彼此不合作，几乎是不可能捕捉到的。

长追捕行动持续的时间,从而消耗猎物的体力。追击的责任从一个成员传递给另一个成员,从而保证猎物始终在视线范围内,直到有机会猎杀目标——比如兔子闯入开阔地带,或者做出一个错误的动作导致自己被追上。即使是这种接力捕猎的模式,两只猛禽也会共同行动,一只负责追击,另一只负责拦截逃窜的猎物。

读到这里你可能会意识到,参与合作捕猎的鸟类数量很重要。你可能会想到,抓捕成功率应该与群体规模成正比。意料之中,实际情况也确实是这样。事实上,美国亚利桑那州的一项研究发现,单独捕猎的猛禽每次行动成功捕获猎物的概率仅为20%,而有2只猛禽共同行动的成功率为32%,3只猛禽的成功率为40%,4只为38%,5只为50%。如果是兔子这样的高价值目标,则对比数字更加明显。在美国新墨西哥州的一项研究显示,除非团体内至少有4名成员,否则栗翅鹰根本抓不到任何兔子。在50小时的统计时间内,以2~3只为一组的栗翅鹰确实抓到了一些猎物,但没有抓到这些高价值目标。如果有4名成员,平均每50小时就能抓到1.7只兔子,而如果有6名成员,平均每50小时能抓到3.9只。单从最后这一个数字,你马上就能明白为什么栗翅鹰如此热衷于合作捕猎。

当然,合作捕猎也有一个缺点,那就是分赃:团体成员越多,每个个体分到的食物就越少。而栗翅鹰确实会瓜分战利品,尽管每一个群体内部都有严格的等级制度。如果在合作捕猎的过程中,有成员独吞猎物,或者欺骗其他成员,这样的合作很快就会告吹,个体也会选择单独捕猎。在上述新墨西哥州的研究中,研究人员得出的结论是,从每只鸟分到的捕猎分量来算,5只一组是最好的方案。

栗翅鹰无疑是一种了不起的猛禽,但也许最令人惊讶的是,合作捕猎并不是这种猛禽普遍存在的捕猎方式。在新墨西哥州旁边的得克萨斯州,常有人见到栗翅鹰成群出动去捕猎,但捕猎过程中的合作行为依然很罕见。而在智利和南美其他地方都没有人看到栗翅鹰成群结队去捕猎。考虑到栗翅鹰有着比其他任何鸟类更高超的合作捕猎技巧,只要有机会,它就应该采取合作捕猎才对。浪费了如此了不起的才能,实在可惜!

云石斑海雀
在异世界里繁殖

暂且释放一下你的幻想。想象一下，你打算在自家后院跟踪一只小鸟，从觅食点一路跟到它的巢，把一只毛毛虫喂给巢里的雏鸟——无论它是莺还是山雀。想象一下，在鸟儿的颈部装有一个远程摄像头，这样你可以从它的视角观察这个世界。它飞到哪里，你就能看到哪里。你的旅程从浓密的树冠里开始，接着奇怪的事情便发生了。你以为鸟儿会向下钻到树上的缝隙里，或者鸟巢附近茂密的树叶中。相反，它却飞了起来，飞出了你的小区。出乎你的意料，它向着一片完全陌生的领域飞去，离地高度100~200米。不知不觉间，鸟儿已飞了几公里，突然海岸线出现在你的视野中，接着你就在海面上翱翔了。这只以昆虫为食的小鸟究竟在做什么？当你发现自己开始降低高度，最终降落在海上的一座石油钻井平台上时，答案便呼之欲出了。在钻井平台的一面墙上有一个小洞。你发现嘴里的毛毛虫被喂了出去，接着它起身离开巢穴，又回到觅食的地方。

这是一趟多么离奇的旅程，不是吗？似乎也不大可能有哪只鸟真的会进行这样的旅行。这样反直觉的行为不仅在生物学和生态学上说不通，甚至看起来有点傻。但这个故事也并非毫无意义，因为它展示了北美鸟类最不为人知的一种怪异行为。100多年来，人们一直在寻找这种鸟的巢，但直到1974年才首次发现，也难怪人们之前一直找不到。

这种鸟就是云石斑海雀（*Brachyramphus marmoratus*），是太平洋沿岸比较常见的海鸟。除了云石斑海雀以外，海雀科（Alcidae）还包括许多耳熟能详的鸟类，比如海鹦、海鸽、海雀等。这些鸟类之所以被观鸟人熟知，主要是因为它们常在海边的悬崖峭壁和近海岛屿上叽叽喳喳地成群聚集，从而避开地面的捕食者。它们通常会从鸟巢飞往大海，并在海面上觅食。多年来鸟类学家们一直以为，他们会在其他海雀旁边找到云石斑海雀的种群，而长期未能发

现的云石斑海雀鸟巢应该也和别的海雀巢在差不多的地方。许多年过去，人们仍然以为自己只是没有找到合适的海岸线，或者没有找到合适的岛屿。加利福尼亚和阿拉斯加之间还有很多尚待探索的区域。

云石斑海雀有着海鸟典型的外观。它们大部分时间都在海洋里，时而乘风破浪，时而潜入水下捕捉鳗鱼、鲱鱼等小型鱼类，以及一些甲壳类动物。由于体型较小，它们往往会出现在港口、海湾、峡湾等隐蔽性较强的水域，通常在离岸5公里范围内。在这一点上，云石斑海雀和其他海雀区别不大。另一方面，没有任何生理迹象表明，云石斑海雀会做出一些离奇古怪、出人意料的事情。

然而，随着时间推移，人们逐渐发现，这种神秘的海鸟在太平洋上藏着不为人知的秘密。它的巢到底在哪里？在树上的某个地方？

真就在树上，你还猜对了。云石斑海雀的巢位于陈年老树林中，通常在树

上图：从典型的观鸟爱好者的角度看这只云石斑海雀，
很难使人联想到这种鸟在森林树梢上有什么不同寻常的生活。

冠的中间至上部三分之一处。阿拉斯加有少数个体的巢位于山坡岩石的缝隙中，但大多数的云石斑海雀的巢位于针叶林中，与莺和鸫等鸟类的巢一样，远离海边悬崖和岛屿。更令人难以置信的是，这些树冠上的巢离海岸线可能有50公里远。在夜色（或北极漫长的黄昏）的笼罩中，云石斑海雀往返于相隔甚远的两地。还有一点不同的是，云石斑海雀都是单独筑巢，而不像其他海鸟那样形成巢群。但它们也会像其他海鸟一样，对潜在巢址进行探查，并从中选择最好的地方。

统计表明，云石斑海雀的巢往往位于水平的台面上，比如折断的树枝、成堆的针叶，以及匍匐植物。云石斑海雀并不会自己筑巢，而是将卵产在苔藓或其他柔软的材质中；有的个体甚至把卵产在别的鸟巢或松鼠巢中。在加利福尼亚州，有人在光秃秃的树枝上发现了云石斑海雀的卵。考虑到大多数巢离地9~12米高，这么做似乎风险很大。云石斑海雀最喜欢的树是花旗松（*Pseudotsuga menziesii*）、

黄扁柏（*Chamaecyparis nootkatensis*）和异叶铁杉（*Tsuga heterophylla*）。这些都是高大的针叶树，枝繁叶茂，常有大量苔藓和地衣覆盖。当你在森林中行走时，头顶上方都是密密麻麻的树叶，所以这种鸟类的巢这么久都没有被人们发现，也不是不能理解，再加上谁也想不到会有海鸟把巢安在腹地深处这么远的地方。

不过把巢安在树梢上，也给云石斑海雀的繁殖工作带来了诸多挑战。只要稍微想一想，就可以猜出在树梢上孵化的海鸟要面临怎样的困难。它生命中需要独立完成的第一个任务，就是充分锻炼自己的翅膀，保证自己能够胜任漫长而艰辛的首次飞行。即使在起飞前，它也需要鼓足勇气，来面对这陌生的世界。

另一方面，亲鸟又是如何喂养雏鸟的呢？亲鸟必须潜入海里抓浅水中的鱼，因此它们会在清晨或傍晚时分从内陆出发，经过长途飞行后，在一片漆黑中寻找自己的巢。这并非本章开头描述的那种梦幻般的旅程，但也差不多了。

对页：在针叶林高处枝头的云石斑海雀雏鸟，难得一见的情景。

南美洲

安第斯冠伞鸟
与好兄弟们一起努力

你不需要对鸟类进行太深入的研究，就能发现几乎所有的鸟类在生活的方方面面都面临着激烈的竞争。单是觅食的竞争，就有明显的赢家和输家。鸟类间几乎所有的竞争都与繁殖有关：领地争夺、大声鸣唱、搜集巢材、求偶炫耀。考虑到每个领域都存在供应不足，利他行为也就十分罕见了。

然而，当你了解到安第斯冠伞鸟（*Rupicola peruviana*）的繁殖行为时，这种公认的观念就要开始动摇了。和其他鸟类一样，安第斯冠伞鸟也有同样的需求，也会和同类竞争。打架对它们来说不过是家常便饭。可是雄鸟在向雌鸟求偶展示的时候，却有另一只雄鸟陪伴左右。搭档雄鸟能让求偶雄鸟更好地展示自己，而单独向雌鸟求偶的雄鸟是不可能成功的。只是现在还不清楚，求偶的雄鸟能为搭档带来什么好处。

安第斯冠伞鸟是伞鸟科（Cotinga）鸟类。即使以热带鸟类的标准来看，它们也有着色彩斑斓的羽毛和奇异的外形。许多年前，鸟类学家大卫·斯诺（David Snow）研究发现，这种鸟的食谱很有规律，主要以水果为食。而水果一年四季都找得到，因此它们可以有许多"空闲时间"投入别的事情当中，进而逐渐演化出色彩斑斓的羽毛和令人惊叹的求偶展示。冠伞鸟以水果为食，雄鸟每天都会在展示上花好几个小时，通常从日出到上午9点进行求偶展示（也就是到了喝咖啡的时间？），下午则会时不时地展示自己。它们会尽快把肚子填饱，以便第二天有精力做同样的事情。然后下一天、下一周、下个月，都是如此。由于雌鸟负责筑巢和喂养雏鸟，从耗时的劳

对页：安第斯冠伞鸟是伞鸟科的一员，以色彩鲜艳、造型精美而闻名。

作中解放出来的雄鸟，把相当一部分时间都花在了展示上，努力让每一只参观的雌鸟留下深刻印象。这些鸟儿出没在潮湿的山地森林里。

如果你前往它们的栖息地，并成功找到求偶场，你很快就会发现，每一只进行求偶展示的雄鸟自始至终都有别的雄鸟相伴。透过斑驳的树荫，你便能窥探到在树冠上展示的冠伞鸟，所有的动静都来自这些衣着华丽的鸟儿。它们体型中等，大小和冠蓝鸦（*Cyanocitta cristata*）或松鸦（*Garrulus glandarius*）相当，通体呈黑色和红色。不过你的眼睛大概只会被它那纯粹而又强烈的绯红色吸引，因为它即使在树荫下也显得如此耀眼。鸟的整个胸前、背部和头部都是这种亮眼的红色，而尾羽和飞羽均为黑色，部分三级飞羽为浅灰色。头顶上长有圆润的冠羽，从后颈一直延伸到喙尖，苍白的眼睛与绯红色的头部形成鲜明的对比，看起来就像贴在毛绒玩具上的假眼。尽管外观已经足够张扬了，但天一亮，雄鸟们便身子向前倾，兴奋地在枝头上蹲下跳，发出一连串呼噜声和尖叫声，仿佛猪叫一般，但声音更干脆，也没有那么深沉。雄鸟会频繁地在枝头间飞来飞去，于是整个求偶场也显得活力四射。茂密的树叶充当背景，每一根枝条上都覆盖着附生植物和藤本植物，让人很难看清发生了什么。但细心观察过后，它们的求偶过程逐渐清晰起来。

求偶场最多有 15 只雄鸟进行展示，但通常不会有那么多。尽管雄鸟们会来回串门，但每一只雄鸟都有自己的"宅邸"，并长期占据着这个空间，只是偶尔才会被新的或更年轻的雄鸟入侵而失去其专属的空间。雄鸟们会在对方听得到的范围内活动——它们的叫声在 100 米开外都能听到——但彼此仍然会保持一定的距离，平均间隔 6~9 米（因此，有人用"炸开的求偶场"来形容松散聚集的雄鸟）。聚集的雄鸟中，只有一只是优势雄鸟。有证据表明，它的宅邸比其他个体的都大，也会更加频繁地摘除求偶展示所在的枝头的叶片。每天清晨，优势雄鸟会最先达求偶场，晚上则会最后离开。与此同时，它还负责驱赶闯入求偶场的外来雄鸟。

对页：聚集在一起展示的雄性安第斯冠伞鸟，这里就是它们的求偶场。
雌鸟到访此地，以挑选心仪的雄鸟。

对于优势雄鸟来说，好处也十分明显，那就是垄断周围所有雌鸟的注意力。只要有雌鸟到访求偶场，就一定能看到优势雄鸟的表演。每当有雌鸟到访，在场所有的雄鸟都会陷入狂热的求偶展示中，但雌鸟却对其他雄鸟视若无睹，只会对优势雄鸟倾心，于是雌鸟们的交配对象无一例外都是这只雄鸟。雌鸟迅速确认优势雄鸟的宅邸位置后，便毫不犹豫地飞向那里。求偶场只是为了方便雌鸟对雄鸟进行评估，从而引导雌鸟找到拥有最优良基因的个体。

不过你还记得吗，每一只求偶展示的雄鸟都有一个同性搭档。这些雄鸟其实是成对展示的。两只雄鸟隔着几米远面朝对方，一会儿互相鞠躬，一会儿又拍打着翅膀跳来跳去，不停地叫唤。优势雄鸟也有自己的搭档。一开始，优势雄鸟会假装攻击搭档，而搭档也会做出回应。雄鸟的搭档是固定的，尽管它们会在求偶场打架，但彼此其实关系很融洽，时不时还会一起觅食。

在一个理想的世界里，你可能会期望两只雄鸟都能获得雌鸟的芳心，从而共享交配机会。然而，实际情况并非如此。无论优势雄鸟的搭档表现如何，它都不会与任何雌鸟交配。它要么继续展示，要么静静地站在原地，看着优势雄鸟尽情享受劳动成果。

从表面上看，搭档雄鸟根本无法从求偶展示中获得任何收益，因此它为什么愿意配合求偶雄鸟而不会喧宾夺主，目前还是个谜。然而，在研究其他鸟类的行为时，研究人员发现了一条线索。作为安第斯冠伞鸟的亲缘物种，有些娇鹟的搭档其实是优势雄鸟的后代[①]。当优势雄鸟退位后，它的求偶权就归于那看似无私的搭档。安第斯冠伞鸟很可能也是如此。搭档雄鸟长期以来的奉献，只为了将来某一天自己能继承求偶权。不禁让人感叹，这确实是一种了不起的关系。

---

① 一些娇鹟也有着同样的求偶行为。——译者注

对页：两只雄鸟形成的求偶展示联盟。
图中的两只雄鸟是展示伙伴，另一只是竞争对手。

巨嘴鸟
为什么这大嘴很有用

很多人都会问这样的问题。当你看到一只巨嘴鸟飞过河流或空旷地带，前往下一棵果树的时候，无论你离得多远，都能看到它那硕大的喙。而巨嘴鸟在飞行时，翅膀有气无力地扇动着，看起来一副摇摇欲坠的样子，不禁让人觉得这大嘴十分累赘。当巨嘴鸟栖息的时候，它的喙是如此突兀，仿佛巨嘴鸟随时都会摔倒。至于用这巨嘴摘果子，正应了那句老话"大炮打蚊子"。为什么要长这么大呢？

这样的疑问显得有些不礼貌，毕竟巨嘴鸟为这一独特的生理结构投入了相当多的精力。巨嘴已然成为这个科的招牌特色，你绝不会把它们错认为别的鸟类。巨嘴鸟的喙长为体长的四分之一到三分之一，视具体鸟种而定，实际喙长为14~15厘米。大多数种类的巨嘴鸟都有鲜艳的颜色，有的巨嘴鸟不止羽毛有颜色，喙上的花纹在鸟类世界中也是绝无仅有的存在。虽然这巨嘴看起来十分壮观，但它仅仅是用来供人观赏的吗？还是说有别的什么用途，只是一时半会儿看不出来？

人们对巨嘴鸟的错误认识，首当其冲便是它们的喙异常的笨重。事实上，巨嘴鸟的喙并没有多重，也不会让鸟儿失去平衡。无论是否长着巨大的嘴，巨嘴鸟看起来都会有点笨拙。它们的喙外围其实是一层薄薄的角质鞘，内部基本上是中空的，只有起支撑作用的骨小梁在空间内纵横交错。总的来说，巨嘴鸟的喙轻盈而脆弱，很容易破损，远没有看上去那样笨重。

但巨嘴究竟有什么优势呢？可以肯定的是，巨嘴让鸟儿够得到更远的果子。巨嘴鸟大部分时间都在树梢上，以各种形状和大小的果子为食。大多数鸟类只能近距离吃果子，而巨嘴鸟却能站在某根树枝上，俯下身子吃外围细枝上的果子。它们的喙内部有前倾的锯齿，可以让巨嘴鸟牢牢地咬住果实。这样鸟儿就

可以把果实从附着的枝叶上用力拽下来，必要时它还可以扭一扭喙，让果子从枝头上松开。一旦巨嘴鸟把果子摘下来，它就会把头轻轻一扬，这样果子就掉进喙里边了。巨嘴鸟还有着长长的舌头，可以把果实卷走，送到咽喉处。

既然巨大的喙如此好用，那为什么要演化出如此绚丽而奔放的颜色呢？如上文所述，巨嘴鸟吸引眼球的可不止喙的大小。厚嘴巨嘴鸟（*Ramphastos sulfuratus*）的喙为明亮的苹果绿，上喙还有黄色，喙尖则是深红色，下喙前面有些天蓝色，上喙中部有橙色条纹，喙的基部为黑色，上下喙有几条垂直的深色条纹。而巴西簇舌巨嘴鸟（*Pteroglossus inscriptus*）的上喙喙缘有一些竖直的波浪形条纹，看起来就像某种文字。其他巨嘴鸟的喙上也有各种奇怪的花纹，通常位于上喙和下喙的交汇处，花纹从白点到黑色波纹都有，沿着锯齿状边缘分布。有些花纹形

上图：每种（包括亚种）巨嘴鸟的喙都是独一无二的，
都有精美的图案，比如图中这只厚嘴巨嘴鸟。

似牙齿。

考虑到雄性巨嘴鸟的喙比雌鸟的喙长一点也细一点（约 10% 的差异），你可能会认为喙上的颜色和花纹也会有差异，并作为巨嘴鸟第二性征。然而，雄鸟和雌鸟喙的花纹看起来非常相似，因此除非它们在紫外光谱中显示出不同的特征，否则这不足以充当第二性征。当然，不同种类的巨嘴鸟的喙确实存在差异，所以识别同类竞争者十分容易。巨嘴鸟的叫声很频繁，也很独特。时不时地，森林里会回荡起它们那叽叽呱呱的叫声。

关于巨嘴鸟喙的颜色和花纹，研究人员已得出明确结论——它们真的很吓人。巨嘴鸟经常相互打斗，因此当两只敌对的巨嘴鸟进行决斗时，毫无疑问它们会

对页：这只黑嘴巨嘴鸟（*Ramphastos ambiguus*）的喙尖上有锋利的钩子，暗示这种鸟类也有掠食性的一面。

上图：雄性巨嘴鸟（左）的喙比雌鸟长而窄，比如图中的绯腰巨嘴鸟（*Aulacorhynchus haematopygus*）。

用喙来防御和进攻。但这些颜色和花纹真正有用的地方还是在于震慑果树上的其他鸟类。无论是鸽子还是娇鹟，只要巨嘴鸟在场都会显得畏畏缩缩，这样的举动显然与巨嘴真正能带来的威胁不相配。各种意义上来看，巨嘴鸟都占据了果树的顶端。只要愿意，它们随时都能把其他鸟类从果树上赶走，从而获得竞争优势。

虽然鸟喙对大多数鸟类无法造成严重伤害，但这并不意味着巨嘴鸟毫无威胁，只是在虚张声势。虽然果子在巨嘴鸟的食谱中占大头，但它们也会吃肉，而且吃的也不少。在新热带地区用雾网抓小鸟时，人们偶尔会看到巨嘴鸟险恶的一面。这些外表绚丽、行事大胆的巨嘴鸟在听到被俘鸟儿发出的哀鸣后，就会前来享用一顿轻松的晚餐。作为投机分子，巨嘴鸟也吃昆虫、蜥蜴和小型哺乳动物。它们还会偷袭其他鸟类的鸟巢，以获取鸟卵和雏鸟。这时，它们的巨嘴就派上用场了。

第一个用处很明显。正如伸伸脖子就吃得到果子，巨嘴鸟在巢内吃到卵和雏鸟也很容易。巨嘴鸟喙末端的锯齿能够轻易地撕开鸟巢，所以许多巨嘴鸟都会时不时偷袭拟椋鸟和酋长鹂的巢。

当自家的卵和雏鸟受到攻击后，亲鸟往往无法理解其中的缘由，只能干着急。拟椋鸟（ *Psarocolius* spp.）和酋长鹂（ *Cacicus* spp.）都是个头较大、体型健壮、攻击性较强的鸟类。但面对着被洗劫的巢，它们却只能远远地看着巨嘴鸟那恐怖的大嘴，直到对方扫荡完毕后才敢靠近。在巨嘴的威慑下，抢劫过程一帆风顺，巨嘴鸟顺利饱餐一顿。

科学家们一致认为巨嘴鸟是以果子为食的鸟类，它们演化出的掠食行为，只是为了在日常饮食当中补充蛋白质。但是有一点是肯定的：当你看着这些行事大胆、色彩斑斓的鸟儿进食，心中对它们为何长着巨嘴报有疑问的时候，你一定想不到，它们巨嘴上的花纹和颜色，在袭击别的鸟类的巢时，有着这般作用。

对页：巨嘴鸟无论是体型还是喙的花纹，都让人望而生畏。注意，这只栗耳簇舌巨嘴鸟（ *Pteroglossus castanotis* ）的喙似乎有锯齿。

蚁鸟
尾随蚂蚁

一群可怕的行军蚁正在前进，在踏入它们的行军路线前，你最好深吸一口气。当前部的蚂蚁在树影斑驳的林子中进进出出时，在一旁等待的你可不要被它们的动作麻痹了。因为在 4~12 米宽的行军蚁队伍中，每一只蚂蚁都极具攻击性，而且咬合力很强。你身上的每一根寒毛都在告诉你：不要踩进去。检查完脚上的尘土，确保一切都护得严严实实，然后狠狠地咽一口吐沫，把周围的工蚁扫开，内心期望着摆脱眼前地狱般的昆虫部队，你再次踏上前进的道路。在观鸟路上，有时候也要对自己狠一点。

你需要勇敢地面对浩浩荡荡的行军蚁，才能见到这群森林中这种特别的小型鸟类——它们抛弃了一切，心甘情愿地成为行军蚁的仆从。这些鸟儿毕生都在追随行军蚁。作为中美洲和南美洲种群规模最大的科，蚁鸟科（Thamnophilidae，Formicariidae）里并非全都是蚁鸟，也不是所有的蚁鸟都会跟随行军蚁，毕竟这种策略的可替代性很高。

真正会追随蚂蚁的鸟儿，比如眼斑蚁鸟（*Phaenostictus mcleannani*）和白羽蚁鸟（*Pithys albifrons*），它们的行为完全被行军蚁支配。它们把所有的觅食时间都花在了跟随一路劫掠的蚂蚁大军上。但除了在鸟巢附近，其他时间蚁鸟都会和行军蚁保持距离。这些以昆虫为食的鸟类在演化上走了一条与众不同的道路，以至于它们无法以"正常"的方式觅食，只能依靠行军蚁。所以行军蚁走到哪儿，它们就跟到哪儿。在宁静的森林地面上找到几只落单的昆虫，对某些蚁鸟来说是难以想象的事情。有一种蚁鸟，它宁愿与充满威胁和暴力的行军蚁为伍，也不愿自己单独去觅食。

确切来说，它追随的是布氏游蚁（*Eciton burchelli*）。一支行进中的行军蚁队伍，足以让地面上的无脊椎动物和小型脊椎动物闻风丧胆。这也许形容得有些夸张，但看起来确实是这样。行军蚁过境之

处，恐慌随之而来。无论是狼蛛还是甲壳虫，乃至其他蚂蚁和小型蜥蜴，见到如此阵仗，要么落荒而逃，要么东躲西藏。如果避之不及，蜂拥而上的行军蚁会立刻咬住猎物。体型大一点的会被肢解，然后被带回去喂给幼虫。对于动物种群而言，行军蚁如同瘟疫一般。所到之处，遍地遗骸。

一波波从蚂蚁军团经过的地方四散开来的其他昆虫，为追随行军蚁的鸟儿带来了一顿丰盛的晚餐。仓皇失措的虫群很容易就被鸟儿抓住。蚁鸟真是占住了无比惬意的生态位。跟着蚁鸟走，你会见到一种十分罕见的情况：鸟儿吃撑了。几个小时的盛宴过后，这些鸟儿的眼光也越来越挑剔，只吃自己喜欢的食物。但有一种东西它们是不会吃的，那

上图：眼斑蚁鸟的觅食策略很专一，从不偏离。当行军蚁把周围的昆虫吓跑后，眼斑蚁鸟便趁机觅食，日复一日，天天如此。

·

就是行军蚁。

像这样的觅食行为并不是偶然发生，而是每天都在上演。科学家们把这群鸟儿称为"专性蚁鸟"，毕竟这就是它们的"职业"。蚁鸟日复一日从不休息，也不希望有一天的休息时间。只要有行军蚁群落在的地方，就有蚁鸟的生存空间。一些茂密的森林中，平均每平方公里就

有3个蚁群。有记录表明，一天之内蚁鸟会在几个蚁群之间来回穿梭。通过这种办法，蚁鸟在追踪蚁群时，仍然能够兼顾繁育职责。蚁鸟的巢址是固定的，行军蚁的群落不是。因此在不同蚁群间来回转移，保证了回巢的距离不会太远。

可惜事情并没有那么简单。行军蚁的生命周期可分为两个阶段，其中一个时期

上图：点斑蚁鸟经常跟随行军蚁，
但它们偶尔也会在远离行军蚁的地方觅食。

138

的觅食效果比另一个时期要好得多。每个蚁群都会在"静止期"（statary phase）和"游猎期"（nomadic phase）来回交替。处于静止期时，蚁后忙于产卵，工蚁的捕食行动收敛许多；而在游猎期时，蚁群每天都会发动袭击，以喂养蚁后的幼虫。在长达3周的静止期，蚂蚁们每天晚上在同一个地方安营扎寨，用自己的身体筑成蚁巢，每隔一天外出捕猎一次。一旦卵孵化以后，它们就进入前文所述的游猎期。这时，20万只工蚁组成的大军倾巢而出，进行大规模的狩猎突袭，每天晚上会在不同的地方安营扎寨。因此，蚁鸟一生中会追随许多个不同的蚁群。每个蚁群的游猎期，就是蚁鸟大快朵颐的时候。

蚁群四处游猎的特性，意味着追踪它们也需要动点脑筋。在静止期或下雨天，行军蚁有可能根本不捕猎；而在游猎期，行军蚁会四处游荡，行踪难以预料。在茂密的森林地面上寻找长200米、宽20米的蚂蚁军团并没有听起来那么容易。这些专性蚁鸟在黎明时分开始搜寻。它们会在林间离地一两米高的地方跳来跳去，不时唱着小曲。蚁鸟会搜寻行军蚁过夜的地点，评估蚂蚁的活动情况。它们还会通过鸣唱相互传递信息，直到找到一个正在狩猎的蚁群。之后，至少20只蚁鸟会集结在狩猎现场，不少鸟儿几乎一整天都待在那里。

真正会追随蚂蚁的鸟类总共只有20~30种，但蚁群为各种食虫鸟类提供了绝佳的觅食机会。所以，每个蚁群周围往往聚集着许多种鸟类，各自有各自的觅食习惯。有些鸟儿也会追踪蚁群，但它们并非蚂蚁的跟屁虫，比如点斑蚁鸟（*Hylophylax naevioides*），它们的觅食地点往往远离狩猎中的蚁群，所以你可以认为它们是"兼职"的追踪者。还有些鸟类会跟随蚁群觅食，但只是偶尔这么做。有些领地意识很强的鸟类会在行军蚁进入它们的地盘时跟在后面，但当蚁群继续前进时，就会放弃追踪。

所以每次遇到蚁群，你看到的鸟可能都不一样。我记得有一次在秘鲁的森林里，遇到了两只专性蚁鸟，白喉蚁鸟（*Gymnopithys salvini*）和白颏鸫雀（*Dendrocincla merula*）；外加一只非专性蚁鸟，鳞背蚁鸟（*Hylophylax poecilonotus*）；一只偶尔出现的点斑翅蚁鸟（*Schistocichla leucostigma*）和一只棕顶蚁鸫（*Formicarius colma*）。那是几年前的事了，如今我依然能感受到当时看到如此多稀有鸟种时的激动心情。那是昆虫的地狱，但也是鸟类的天堂。

唐纳雀
皇冠上的明珠

黎明过后，新热带地区的森林树冠里，一场百鸟齐鸣的盛大演出蓄势待发。这正是低地干燥林显现出其价值的时候。在热带森林里观鸟的体验往往是令人沮丧的：地面漆黑一片，你得时刻仰着脖子，努力辨认在头顶上方的鸟儿身影。但如果你在黎明前的黑暗中，搭个梯子爬到树梢上，这些树冠里的"明珠"是掩盖不了光芒的。不一会儿，你就会看到五颜六色的鸟儿在枝头间迅速穿梭。这对你的视力和辨认能力都是一种挑战。为这场鸟类盛宴提供舞台的树冠，好比海洋里的珊瑚礁。

南美洲树冠里的鸟儿让人眼花缭乱，但你并不需要多次拜访，就能发现大多数的鸟儿其实是唐纳雀。这个科的鸟儿以水果和昆虫为食。在整个新热带地区，除了蜂鸟之外，就属唐纳雀的衣装最为耀眼。而目击者笔下的喜悦之情，早就从给这些鸟儿起的名字中体现出来了：辉斑唐加拉雀、辉绿雀、七彩唐加拉雀……

与蜂鸟不同，唐纳雀的体型大体相似，都长得胖乎乎的，喙也比较厚。它们真正让人印象深刻的是那大胆的花纹和鲜艳的色彩。唐纳雀经常和其他颜色鲜艳的鸟类混杂在一起，在树冠中快速穿梭。

如果鸟运好的话，一天就能看到15种唐纳雀。当你回顾看到的鸟种时，一个古老的问题也许就会涌上心头：森林究竟是如何养活这么多不同的鸟类的？就拿唐纳雀来说，虽然物种间的亲缘关系都很近，但彼此又有显著的差异。在生态学上，这种现象被称为竞争性排斥。任何物种都不可能和另一个物种拥有完全相同的生态位，只要它们都在同一个地方生存，就不会出现一方完全"胜利"，另一方完全消失的情况。所有的鸟类，都有属于自己的生态位。

很多科学家都曾问过自己同样的问题，包括大卫·斯诺和芭芭拉·斯诺、亚历山大·斯库奇、莫顿和菲利斯·伊斯勒等人。他们翔实的研究揭示了唐纳

雀如何精细而巧妙地利用其生态位来满足自身需要，使得不同的物种得以共存的（一个地方可能有 50 多个物种）。唐纳雀在生态利用方面，有着很大的选择余地。它们既吃水果，也吃节肢动物（主要是昆虫），所以吃相似水果的物种会选择不同的节肢动物，反之亦然。如果两种鸟吃的水果相同，它们便会在不同的地方进食，吃节肢动物的情况也是如此。如果偶然间，两种唐纳雀的整个食谱完全重叠（实际上不太可能），它们便会将森林分割开来，让一个物种在树冠上觅食，另一个物种在下层觅食。这样的事情或多或少都会发生，但这也是唐纳雀的魅力所在——将生物多样性形象地展示在你眼前。

在野外，大部分唐纳雀都会吃各种各样的水果，但也有一些食性很专一的物种。在唐纳雀的食谱范围中，最受欢迎的是一种果实较小的绢木属植物。对于唐纳雀来说，这种植物的果实就是它们的比萨饼。然而有一种特别的唐纳雀，叫作蓝黑唐加拉雀（*Tangara vassorii*），它的食谱中只包含这一种植物。而翠绿唐加

上图：在新热带森林中的唐纳雀都有自己的觅食生态位。
绿金唐加拉雀往往在树冠上的粗枝觅食。

141

拉雀（*T. florida*）吃的果实中，三分之二都来自这种植物。因此其他植物的果实反倒成了"小众"食品，只能获得少数"顾客"的青睐。桑寄生科（Loranthaceae）就是一个很好的例子，这种植物的果实出现在很多物种的食谱中，且特别受青绿唐加拉雀（*T. mexicana*）喜爱。

整体而言，在有果实分布的地方，唐纳雀就会吃果实，但它们的觅食范围相对有限。然而，节肢动物在森林中分布更为广泛，这就给食物分化提供了相当大的空间。依丝娜发现，唐纳雀的觅食生境大体可分为以下几类：树枝表面、树叶的正面和背面、苔藓、附生植物、空中、地面、枯叶、花朵，等等。许多唐纳雀都会在各种生境中觅食，但大多数物种都

上图：作为观鸟爱好者心目中最具代表性的热带鸟类，仙唐加拉雀经常成群结队地在树冠上觅食。

有自己喜好或专门的地点。例如，金颈唐加拉雀（*T. ruficervix*）在空中短距离飞行时捕食的节肢动物，占其捕获总量的70%。而蓝颈唐加拉雀（*T. cyanicollis*）不仅会在空中捕食，也会在树叶表面或靠近树叶的地方捕捉昆虫。黄腹唐加拉雀（*T. xanthogastra*）经常在空中盘旋。另一方面，大多数唐纳雀并不会在空中捕食，而是选择在叶片间觅食，如斑唐加拉雀（*T. punctata*）；或者或苔藓丛中，如金耳唐加拉雀（*T. chrysotis*）；以及附生植物处，如白腰唐加拉雀（*T. velia*）。在觅食的微型生境的选择方面，有些唐纳雀确实很挑剔。翠绿唐加拉雀只会在直径1.3~2.5厘米的树枝间觅食，粗了细了都不行。绿金唐加拉雀（*T. schrankii*）喜欢较宽的树枝，而辉斑唐加拉雀（*T. nigroviridis*）喜欢的枝条很细。外表华丽的仙唐加拉雀几乎只会在光秃秃的树枝上觅食。

由于觅食生境偏好的不同，唐纳雀分化出各种各样的昆虫捕食方式。除了显而易见的空中捕食外，还有一些差别细微的捕食方式。栗头唐加拉雀（*T. gyrola*）的捕食方法叫作侧身倾斜法（diagonal lean）。它先栖息在枝头，朝一侧俯身，再向另一侧俯身，然后沿着树枝往前挪1米左右，再重复以上动作。蓝黑唐加拉雀也会用这种方法，但有时它们会倒挂在枝头上。

当然，不同的物种觅食的高度也有所不同：有的在地面上，有的在中层，还有的在上层树冠觅食。甚至还有一个亚群的唐纳雀专门在树冠觅食，其中包括仙唐加拉雀、绿金唐加拉雀、青绿唐加拉雀。这些物种在森林中最高的树木（突出木）上觅食，比其他鸟类都高得多。有的鸟儿会成群地在光秃秃的树枝上觅食，因此很容易就能看到它们。清晨的第一缕阳光总是先洒在这些色彩斑斓的鸟儿身上。

雨林树冠中百鸟争鸣的场面，对于观鸟人而言无异于饕餮盛宴。但一下子面对如此多的鸟儿，往往让人目不暇接，一时难以消化。但是，如果你根据唐纳雀的微型觅食生境，一只一只地辨认它们，你就能更有效地感受到这场观鸟盛宴的美妙之处。在地球上鸟类资源最丰富的栖息地观鸟，这就是关键。

蜂鸟

当蜂鸣声停止时

如果说有哪种鸟把异常当作常态，那一定是蜂鸟。美洲大约"悬停"着340种蜂鸟，正如每一种蜂鸟都会悬停在头状花序上一样。这其中就有世界上最小的鸟类，也许也是最轻的脊椎动物。它们拥有所有鸟类中最高的新陈代谢率和耗氧率、最小的卵、最快的振翅频率，以及最少的羽毛。它们持续悬停的能力，尤其是上下颠倒和倒飞的能力在鸟类当中无出其右。更不用说它们惊人的飞行速度。哪怕只是短短的一瞥，你也能看出蜂鸟的与众不同之处。

蜂鸟是一种永不停歇的小鸟，它们以能量密度很高的花蜜为食，因而花丛中总能见到它们的身影。植物为蜂鸟提供花蜜，而蜂鸟也会为植物传粉。蜂鸟造访一朵花后，花冠上的花粉便粘到蜂鸟身上，从而保证了花朵间交叉授粉。有的植物能够控制花期内产生的花粉量，从而对授粉者进行一定程度的筛选，但花粉产量必须能够确保蜂鸟会上钩。依靠蜂鸟等鸟类传粉的植物被称为鸟媒植物。

如果儿童吸食糖水的速度和蜂鸟一样，我们一定会惊恐万分。蜂鸟已经演化出结构特殊的舌头，末端分叉成两根狭长的细槽，通过毛细作用将花蜜吸上来，这个过程非常迅速。一只正在进食的蜂鸟每秒钟能伸出舌头3~13次，如此快的速度几乎谈不上什么餐桌礼仪了。吸食上来的花蜜几乎不会在嗉囊或胃里停留，而是直接进入肠道消化。蜂鸟在吸食花蜜15分钟后，吸收的糖分就能转化为能量。蜂鸟通常每天吸食自重2~3倍的花蜜，这意味着它一天之内需要造访1000~2000朵花。

对页：悬停的辉紫耳蜂鸟（*Colibri coruscans*）。在飞行过程中，它的翅膀每秒能扇动70次。蜂鸟的羽毛比大多数鸟类少，这有助于它们在悬停时保持身体凉爽。

当然，没有人见过肥胖的蜂鸟，毕竟它们的生活方式对能量的消耗十分惊人，几乎所有吸收的能量都被迅速用掉了。即使是在休息时，蜂鸟心脏的跳动频率也高达 600 次 / 分（10 次 / 秒）。在进行消耗体力的活动时，比如领地驱逐，其心脏跳动的速率能够达到惊人的 1000 次 / 分。蜂鸟在休息时的呼吸频率为每分钟 300 次，悬停时上升到 500 次。蜂鸟有着高度扩张的肺和气囊能够高效地进行氧气交换。

尽管所有的统计数据都表明蜂鸟的新陈代谢率很高，但当你在野外观察蜂鸟时，往往并不会觉得它们是一种疲于奔波的暴躁小鸟。这也正是蜂鸟的魅力所在。它们在一朵接一朵花面前悬停，让人觉得它们一点也不着急，一切尽在掌控之中。不过，当两只蜂鸟发生争斗时，它们能够瞬间爆发出极高的速度（据了解，蜂鸟在相互追逐时速度可高达 96 公里 / 小时），但很少有失去平衡或姿态走样的情况。前一秒它们还在栖息；下一秒它们就能轻松地进入悬停模式，一秒钟拍打 70 次翅膀，让人看起来就是一片模糊。

然而，蜂鸟也有鲜为人知的一面。这些体型微小的温血动物似乎永远都在运动，以至于我们无法想象它们的蜂鸣声停止时会发生什么。当然，这是每个晚上都会发生的事情。当黑夜的帷幕遮住夕阳的最后一抹余晖，考验蜂鸟耐力的时候就到了。相比于其他鸟类，夜晚对于蜂鸟来说尤其难熬。这主要是因为它们覆盖在皮肤上的羽毛比其他鸟类少，而且缺乏其他鸟类用于保温的绒羽。这样的羽毛虽然白天能够高效地散热，但到了晚上就完全帮不上忙了。

现在大家都知道，每一种蜂鸟在夜晚都处于近似冬眠的蛰伏状态。这种状态下，蜂鸟的新陈代谢率大大降低，其程度远高于深度睡眠的状态。直到最近，研究人员才在少数几种鸟类中记录到这一现象，其中包括南部地区的北美小夜鹰（*Phalaenoptilus nuttallii*），它每次蛰伏

对页上图：许多蜂鸟，比如这只樱冠蜂鸟（*Lophornis ornatus*），每天要拜访1000~2000朵花。

对页下图：蜂鸟有着五彩斑斓的羽毛，比如这只黑喉芒果蜂鸟（*Anthracothorax nigricollis*），其羽毛上的光辉其实源自结构色，而非色素色。

时间长达 4 个月。前不久一项针对 18 种蜂鸟的研究发现，在实验环境温度范围内（2~25℃），受试的蜂鸟（体重 2.7~17.5 克）无论环境温度如何，夜晚都会进入蛰伏状态。显然，蛰伏是普遍存在于蜂鸟科的一种生存策略。

蛰伏过程中的变化涉及许多维度。它们的体温从 38~40℃ 降到 18~20℃，心率从每分钟 600 次降到 50~180 次，新陈代谢速率大致减半。于是乎，蜂鸟在夜间能够节省 60% 的能量消耗。但这种策略也有相当大的弊端。处于蛰伏中的蜂鸟对天敌毫无抵抗能力。它们至少需要 20 分钟才能完全苏醒，在此期间如果被捕食者发现就只能坐以待毙了。还有一个很严重的问题：蛰伏的蜂鸟时刻处于死亡边缘。研究人员发现，无论环境温度如何，蜂鸟的体温至少要保持在 18℃ 以上。如果蜂鸟没有储存足够的花蜜来保持夜间体温，它就会在蛰伏时死亡。

有意思的是，蜂鸟其实并不是整夜都处于蛰伏的状态。它们通常睡 2~6 个小时，然后趁着天还黑的时候，开始抖动翅膀，把体温升到环境温度以上。之后它们会再睡上几个小时，直到黎明破晓。

你可能会认为大多数蜂鸟生活的地方，即使是夜间也很温暖，但事实却并非如此。在北美洲，只有少部分生活在温暖地区的蜂鸟能在夏季安然入睡，大量高海拔地区的蜂鸟（比例高达 50%）仍然要面临严寒的考验。生活在山地中的蜂鸟往往颜色最为耀眼，造型也最为奇特。其中一些物种长期生活在海拔 4000 米以上。哪怕是对大型哺乳动物和人类来说，在高海拔地区过夜也是巨大的挑战。生活在这里的蜂鸟，每天要应对 15℃ 以上的昼夜温差。安第斯山脉的帕拉莫草原，是一个阴冷潮湿，迷雾笼罩的地方。当我涉足这块土地时，高原反应已让我头晕目眩，严寒的天气更是让我手足无措。在如此窘迫的时刻，我遇到了一只蜂鸟。那是某个清晨，我在海拔 4000 米左右的地方看到过的一只憔悴的蓝背尖嘴蜂鸟（*Chalcostigma stanleyi*）。而安第斯山蜂鸟（*Oreotrochillus estella*）在 5000 米的地方也会出现。

不得不承认，蜂鸟真是一种了不起的生物。它们身上的一切都非同寻常，甚至连过夜也是如此。

上图：蜂鸟不为人知的一面：一只安第斯山蜂鸟停下来休息。
蜂鸟在晚上会进入蛰伏状态，有时白天也会如此。

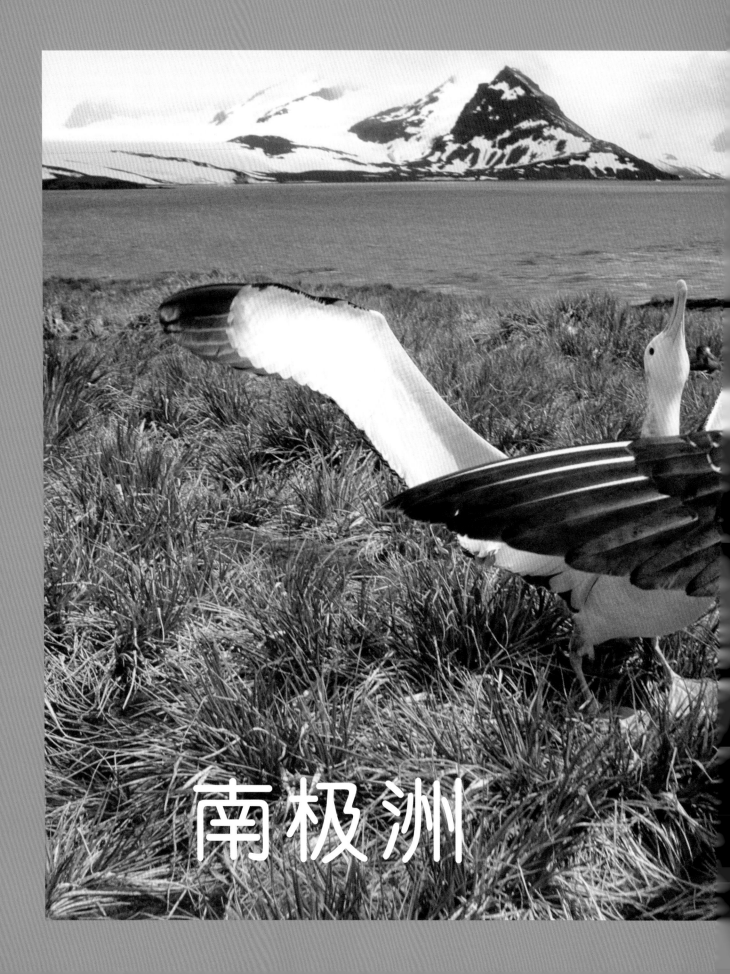

南极洲

凤头黄眉企鹅

被嫌弃的卵

当你前往南美洲南端的福克兰群岛（马尔维纳斯群岛）观赏成群聚集的企鹅时，你会觉得自己走进了纪录片里。当你驻足观察眼前的景象时，你总会忍不住想象某位旁白的解说词：一只兴奋的白眉企鹅（*Pygoscelis papua*）仰望着苍穹，发出一长串嘹亮而刺耳的鸣声；南美企鹅（*Spheniscus magellanicus*）排着长长的队伍，一摇一摆地向着大海走去，仿佛在参加一场缓慢的城市马拉松比赛；王企鹅（*Aptenodytes patagonicus*）尴尬而执着地站在原地，脚上躺着的是它们无比珍爱的卵。这句经典名言你一定听过无数次，企鹅的故事已经渗透到人类文化当中。

在自然纪录片中，每当有海鸟不幸遇难时，你会听到另外一句耳熟能详的旁白。画面上展示的也许是一幅血淋淋的景象：大贼鸥（*Stercorarius antarcticus*）或白鞘嘴鸥（*Chionis albus*）正在吞食一只海鸟的尸体。"在如此恶劣的环境中，"此时一个低沉的声音说道，"一切资源都要充分利用。"可怜的海鸟就这样被吞下了，成为这些腐食动物的美餐。

然而，只要仔细观察一下福克兰群岛鸟类真实的生活状态，就不难发现纪录片旁白形容的场面和实际情况相去甚远，至少不像上一句解说描述的那样。福克兰群岛的第四种企鹅，就违背了充分利用资源这一生物学原则。实际上，它们对浪费资源毫不介意。到了繁殖季，每一只受精的雌性凤头黄眉企鹅（*Eudyptes chrysocome*）都会产下两枚卵。但每次都只有一只企鹅雏鸟出生。在绝大多数情况下，凤头黄眉企鹅只会孵一枚卵，而另一枚卵则被晾在一边。这个问题让科学家们百思不得其解：既然负担不起两只雏鸟，为什么还要产两枚卵呢？

需要指出的是，在鸟类世界里，一窝卵中有个别卵被亲鸟遗弃并不稀奇。这是一种野蛮但有效的生殖策略。很多鸟类，尤其是那些依赖于难以预测资源的鸟类，都会采用这种听起来很残酷，但

实践中很有效的策略，这就是所谓的"育雏淘汰"（brood reduction）。其中的道理是这样的：采用这种策略的雌鸟在几天内产下至少两枚卵，而且与大多数鸟类不同的是，它会从产下的第一枚卵开始孵。因此第一枚卵会首先孵化，它的年龄也最大。只要这只雏鸟能够健康成长，它就会成为体型最大的个体，在乞食的时候，它会比自己的弟弟妹妹更有竞争优势。如果食物资源充裕，老大吃饱的时候，它的弟弟妹妹就有机会获得温饱并存活下来。这是最理想的情况。但如果食物

上图：凤头黄眉企鹅在孵两枚卵。
每次都只有一枚卵能孵化，几乎从无例外。

153

资源匮乏，最初孵化的雏鸟仍然能够第一个获得亲鸟的食物，因此它很可能以牺牲弟弟妹妹为代价存活下来。这样的结果也还能接受。在第二种情况下，如果亲鸟平均分配食物，分散的食物资源可能会导致所有的雏鸟都会饿死，这无疑是灾难性的繁殖结果。优先分配食物能确保每窝雏鸟中至少有一只能成活。

当你理解育雏淘汰的原理后，凤头黄眉企鹅的繁殖策略就显得更加不可思议了。请记住，凤头黄眉企鹅采取的并不是严格意义上的育雏淘汰策略，因为它们淘汰的是卵而不是雏鸟——通常只有一枚卵孵化。即使两枚卵都孵化，但总有一只雏鸟在孵化后的几小时到几天内死亡。其中的原因很特别：能够成活的卵比另一枚卵大得多，二者的重量差异达到了85%，前者几乎是后者的两倍。你可能会认为，这是因为小的那枚卵胚胎发育不足。如果是这样的话，那产两枚卵根本就不是一种保险策略，因为这两枚卵的差异实在太大。

凤头黄眉企鹅的产卵策略还有一个特别的地方。它们产的第一枚卵比第二枚小，也就是说第一枚卵注定不能成活。这一策略和育雏淘汰原则完全相反。此外，第一枚卵平均比第二枚卵早产 4.4 天。两枚卵间隔如此长的时间，世界上其他任何鸟类都不会这么做。因此你也许会认为第一枚卵中出生的企鹅雏鸟具备明显的优势。可惜，这一与生俱来的优势被浪费掉了。

让我们回到最初的问题上来。为什么凤头黄眉企鹅在生理上无法负担养育两只雏鸟的情况下，还是要产两枚卵呢？其他生活在南大西洋岛屿上的企鹅，比如南美企鹅和白眉企鹅，确实能养育两只雏鸟。那么为什么凤头黄眉企鹅就做不到这一点呢？尽管有很多猜测，但目前没有人给出令人信服的答案。

不过有两个有趣的线索或许能说明一些问题。其中一个线索是，这些黄眉企鹅正处在演化过程中，演化的目标是将所有的精力都投入一枚卵中。如今，

对页上图：一只凤头黄眉企鹅正在翻转一枚卵，第二枚卵总是比第一枚大得多，成鸟正常孵化的也是这枚卵。

对页下图：一群亚成的凤头黄眉企鹅正在休息。凤头黄眉企鹅通常都是家里的独生子。

世界上有两种企鹅是这么做的，它们分别是王企鹅（*Aptenodytes patagonicus*）和帝企鹅（*Aptenodytes forsteri*）。和黄眉企鹅一样，这两种企鹅也在远洋觅食，它们会长途跋涉收集食物养育自己唯一的后代。有人推测，这些体型较大的企鹅在历史演化过程中，也许在某个阶段是会产下第二枚卵的，现在我们看到的物种已经是演化后的产物了。或许，凤头黄眉企鹅也在这条演化路上？

科学家对黄眉企鹅在新西兰的亲缘物种黄眼企鹅（*Megadyptes antipodes*）进行了研究，并发现了一个有趣的现象。这种企鹅产的第一枚卵能够刺激孵卵斑的发育。这也保证了从第一枚卵出生的雏鸟能够获得先发优势，从而在之后的不均衡竞争中占据先机（如"育雏淘汰"）。黄眼企鹅产的卵大小相当，亲鸟在产完第二枚卵后孵卵斑发育完成，此时亲鸟才会开始孵卵。因此两枚卵会同时孵化。

有可能黄眉企鹅曾经也是采取这样的繁殖策略，但也许随着时间推移，它们离觅食的海域越来越远，于是再也养不起两只雏鸟了。渐渐地，第一枚卵保留下了刺激孵卵斑发育的功能，但失去了存活能力，而第二枚卵总是在孵卵斑"准备就绪"时出现。这就是凤头黄眉企鹅今天所处的位置，在走向只产一枚卵的演化道路上。

然而从表面上看，总是浪费一枚卵还是有些可惜。

对页：成鸟正在孵育幼鸟。

信天翁

海洋的主宰

每当人们欣赏信天翁时，心中难免感慨万千，即使是信天翁成群的地方也是如此。我曾经沉醉于欣赏在福克兰群岛繁殖的信天翁，也曾看到过数百只信天翁从澳大利亚南部的袋鼠岛西岸飞过。每次看到这些长着流线型长翅的鸟儿在空中翱翔，我的内心都如同触电一般。信天翁的体型让你很难忽略它们的存在，尤其是它们和鹱属海鸟在一起的时候。虽然后者并不算小型鸟类，但在信天翁面前还是显得很迷你。信天翁的外形让它们能够不费吹灰之力地在空中滑翔，翅膀几乎不用扇动，看起来赏心悦目。没有其他鸟类能像信天翁这般优雅。

我们都知道信天翁的飞行能力很强。那又尖又长的翅膀能让成群的信天翁在南大洋的狂风中节约大量体能。它们的翅膀比大多数鸟类都要长，漂泊信天翁（ *Diomedea exulans* ）的翼展甚至可达 3.5 米。信天翁的飞羽数量也比其他鸟类多，它们的翅膀后缘有 25~34 根次级飞羽（体

型小的信天翁有 10~20 根）。信天翁还有一种特殊的肌腱，可以让翅膀在完全伸展时固定住。这一切都确保了信天翁的翅膀像机翼一般高效，能够在快速滑翔的时候仍然保持飞行高度。信天翁会利用两种飞行技巧来节约体能：动力爬升和波面爬升。在动力爬升过程中，信天翁会在海浪间飞行，然后迅速爬升，迎风滑翔。如果遇到逆风，它们会迅速掉头，然后利用身后的风俯冲到海面上的避风处，如此循环往复。这便是利用风的能量梯度为信天翁提供动力的技巧。在波面爬升的时候，信天翁会尽可能地接近海浪，利用风吹到海浪后产生的上升气流。这两种爬升方式都能让鸟儿在长时间飞行的同时，几乎不消耗能量。

许多年前，人们就已经知道信天翁的飞行技巧，并且十分羡慕它们。科学家们长期以来一直在猜测，信天翁的飞行能力究竟有多强。关于信天翁能在大海上飞多远，许多人都有这样的疑问，但

仅仅止于猜测。

但现在我们知道答案了，而这个答案让信天翁显得更为神秘。在过去的20年里，我们用与卫星连接的数据记录仪对信天翁进行了跟踪。研究结果让人大吃一惊。对于信天翁来说，这个星球——至少是南半球——就是一个巨大的游乐场。

就拿前文提到的飞过袋鼠岛的信天翁来说吧，它们是白顶信天翁（*Thalassarche cauta*）。这是一种典型的迁徙鸟类。卫星跟踪数据表明，白顶信天翁平均每天能飞900公里。6只漂泊信天翁向我们展示了非繁殖季的鸟类能迁徙多远。有一只信天翁在27天的时间里飞了10 427公里，最高飞行速度达到了每小时63公里。还有

上图：一只灰头信天翁成鸟正在守护它的后代，
另外一只亲鸟此时也许正在上千公里开外的海面上觅食。

一只信天翁在 33 天里飞行了 1.52 万公里，其中单日飞行距离最高 936 公里。这只鸟的最高速度达到了每小时 81 公里，不禁让人觉得它们如果飞得更快也是可能的。

追踪数据表明，灰头信天翁的飞行能力也不遑多让。在南大西洋的南乔治亚岛繁殖的灰头信天翁，它们在繁殖季结束后的迁徙数据也被记录了下来（大多数信天翁都会休养一年后再筑巢）。有一只灰头信天翁从南乔治亚州到印度洋西南部的一片水域，平均每天飞行 950 公里，只用了 6.2 天便抵达目的地。其他的信天

对页：信天翁的翅膀又长又窄，
它们在进行长途飞行时消耗的能量小得几乎可以忽略不计。
迁徙的时候，信天翁一天的行程就能超过900公里。

上图：信天翁不仅有着极强的飞行能力，它们还是擅长游泳的海鸟。

翁在繁殖季也会进行长途迁徙，乘风破浪环游世界。有一只信天翁只用了46天就完成了这一壮举。信天翁雄鸟在不繁殖幼鸟的年份里会环游世界几轮——听起来真不可思议。

大多数鸟类爱好者都知道，北极燕鸥（*Sterna paradisaea*）的迁徙时间最长，它可以从北极圈一路飞到南极（两极之间最短距离为1.9万公里），一年中要飞行9万公里，其中包括在南极地区漫游的路程。如果把北极燕鸥和漂泊信天翁作对比，前者虽不能说相形见绌，但在迁徙方面完全比不上。有一项研究追踪了13只漂泊信天翁，发现它们出生后的第一年平均飞行了18.4万公里。几年前学界还普遍认为这么远的距离是不可能的。

信天翁甚至在喂养雏鸟期间，也会飞很远的距离，而且雄雌鸟都会这么做。它们往往会在1~3天的"短途旅行"与5天或更长时间的"长途旅行"之间交替进行。南乔治亚州的一只雄性漂泊信天翁飞了两趟共计9280公里的路程，只为了给巢中的雏鸟提供食物。

顺带一提，在水面上寻找食物不一定很容易。信天翁之所以会在海面上捕食，部分原因是它们寻找的食物资源很分散。

为了获取食物，它们会寻找洋流上升的地方。在洋流交汇处，甚至是鲸鱼也会在此觅食。它们还会经常跟着拖网渔船走，有时甚至会卡在长长的渔网中淹死，或者被鱼钩困住而死亡。在不需要繁殖的年份里，信天翁依然会回到同一片海域。

这种出人意料的行为直到最近才被发现，却也更加凸显这些鸟儿无与伦比的天赋。信天翁主要以鱼和乌贼为食。它们往往在水面上徘徊，然后从空中下潜捕获猎物。如果是大型信天翁，比如皇信天翁（*Diomedea epomophora*）或北方皇信天翁（*D. sanfordi*），它们的喙能够够得到水下约一米内的猎物，所以它们能够捕捉海面附近游动的鱼和乌贼，以及一些磷虾和腐肉。然而令人惊讶的是，现在发现有些信天翁可以在水下相当深的地方活动。在一项针对白顶信天翁的研究中，科学家发现这种鸟有两种下潜方式。其中一种从高空扎进水中，类似于鲣鸟科（Sulidae）的俯冲式潜水，可下潜到3米左右的深度。另一种是游泳下潜。这是种最近才发现的技巧，采用这种方式的白顶信天翁能够下潜到7.4米深，是该物种最深的记录。

但是，白顶信天翁并不是唯一会在水下追逐猎物的信天翁。最近几年，科学家在水下记录到了灰背信天翁（*Phoebetria palpebrata*）的活动，其下潜深度平均为4.7米，最深可达12米，推测是在追逐乌贼。事实证明，信天翁是海洋真正的主人——无论在海面上方还是下方，它们都是主宰者。

上图：信天翁往往在海面上游泳时进行捕猎，但有些物种可以潜入海面下12米深的地方捕猎。

帝企鹅和加岛企鹅

两种企鹅，天差地别

帝企鹅是一种很极端的鸟类，它的特征几乎人人都知道。作为动物界的超级巨星，帝企鹅身兼多项世界纪录，在众多野生动物书籍中都有它的身影。帝企鹅不仅是海洋中下潜深度最高的鸟类，甚至偶尔能下潜到 535 米，进入人类完全陌生的海域。它还是唯一冬季在南极繁殖的鸟类。在那里，帝企鹅必须终日与严酷的极地风暴做斗争。雄性企鹅在没有食物的情况下最长能坚持 115 天，仅次于美国沙漠中的夜鹰，但后者是会蛰伏的鸟类。帝企鹅是仅有的 3 种以乳汁喂食雏鸟的鸟类之一，它们的乳汁由嗉囊分泌。帝企鹅的一切是如此特别，以至于它的怪异举动都不再让人惊讶。有时候，帝企鹅靠双脚行走的距离，远远超出人类的想象。可以说，帝企鹅已经进入了一览众山小的境界。

帝企鹅全身上下由黑色、白色、灰色、浅黄色组成。在冰雪的衬托下，帝企鹅成为众多企鹅的代表，深深地扎根于公众的脑海中。以至于当你遇到加岛企鹅（*Spheniscus mendiculus*）的时候，反而会觉得非常奇怪，甚至有些不和谐。要说这两种企鹅的地理分布完全相反并不准确，因为帝企鹅从未到达过南极点，而加岛企鹅实际上生活在赤道附近，是少有的涉足北半球的企鹅。在同一个科内，这两个物种在栖息地和生活习性上的差异，比其他任何物种都大得多。很难想象如此巨大跨度的物种出现在同一个科内。与此同时，人们在理解帝企鹅的长途跋涉时也有了参考对象。

如果你曾看到野生的加岛企鹅，哪怕只是短暂的邂逅，你也会从企鹅的传统印象中跳脱出来。你有可能会在一个小岛上，或者海边看到它站在坚硬的黑色熔岩石上。这与帝企鹅一年四季都被冰雪覆盖的世界形成了鲜明的对比。一边是黑色的岩石，另一边是坚硬的冰层。

然而，加岛企鹅最让人意想不到的地方是它们后背上方的太阳。这可是赤道

附近炽热、严酷、令人窒息的太阳。加岛企鹅就是在这样的阳光下生活和繁殖的，而压力也随之而来。由于加岛企鹅很难保持身体凉爽，它们会花大量的时间喘气。为了避开阳光直射，它们会把卵和小企鹅藏在洞穴或缝隙里。由于附近麦哲伦海峡洋流的降温作用，加拉帕戈斯群岛上的温度往往不会超过30℃，但有记录显示，有些正在孵卵的加岛企鹅面临着40℃的高温考验，这样的温度足以在岩石上煎蛋了。这里需要向大家解释一下，这些赤道企鹅并不是受虐狂。

上图：一群发育良好的帝企鹅雏鸟聚在一起，
它们是在冰天雪地中长大的。

165

它们在这些岛屿上，依靠温度较低、养分充足的克伦威尔洋流生活。洋流从大洋深处升起，流经群岛西部，所以企鹅们一年四季都有丰富的食物来源。一旦进入水中，加拉帕戈斯企鹅就像回到了家一样。而在岛上，它们看起来就像动物园里被圈养的企鹅。

加岛企鹅一年有两个繁殖季，其中一个繁殖季是6~9月。南边的帝企鹅差不多也在这个时候繁殖。每年5~6月，帝企鹅便会产下唯一的一枚卵。雌鸟先把卵放在脚上，然后用十分尴尬的姿势把它转移到配偶的脚上。玩这场企鹅足球千万不能掉以轻心，因为一旦卵意外滑

上图：没有鸟类的生存条件比帝企鹅更恶劣。
每年冬季南极的气温可能会降到零下60℃。

落到冰层上面，胚胎会迅速受凉，进而死亡。而雄企鹅体内脂肪本来就很厚，就像穿了一件沉重的大衣一般，要想灵活转移卵可谓难上加难。

卵交接完毕后，雄鸟会用圆滚滚的肚子盖住卵，接下来的任务就是要长时间忍受极端环境了。很多人都写过帝企鹅群的故事，其中往往包括成群的雄企鹅抱团取暖，以及在群体外围轮流值守的故事情节。在寒风呼啸的黑夜里，有时气温会骤降至零下60℃。这意味着两种企鹅虽然在同一时刻孵卵，但外界的温度相差100℃。

在赤道上的加岛企鹅有时根本不需要孵卵，毕竟温度已经足够让卵孵化。此外，雌性和雄性加岛企鹅会轮流参与孵卵。它们也不需要用脚传递卵。如果真得用脚传递就麻烦了，因为加岛企鹅通常会产两枚卵，这一点和帝企鹅不一样。之所以负担得了两枚卵，是因为加岛企鹅双亲会轮流在大海里觅食。而且它们往往不用走很远就能找到小鱼，往往过几天就能回来。产卵时间相隔几天，大一点的雏鸟会得到第一口食物。在鱼儿多的年份，加岛企鹅的两只雏鸟都能成活。

与加岛企鹅相比，帝企鹅雏鸟进食的次数要少得多。经过62天的孵卵后（加岛企鹅的孵化期为38~42天），帝企鹅雏鸟通常在雌鸟回归并和雄鸟接班时第一次进食，不过雄鸟可能会先在食道内分泌凝乳状"乳汁"喂给雏鸟。大约25天后，雌鸟才能再次进食，之后的进食间隔周期稍短一些。与在海岸附近觅食的加岛企鹅不同，帝企鹅为了寻找足够的食物给小企鹅吃，会定期游到离聚居地500公里远的地方。它们甚至还会沿着浮冰边缘步行120公里。

加岛企鹅的雏鸟在孵化后60天左右长出羽毛。这时帝企鹅的雏鸟已经成群地聚集在一起了，不再需要亲鸟的孵育和保护。偶尔有成年企鹅会进入雏鸟群当中，这时亲鸟可以通过声音辨认自家的孩子。

帝企鹅雏鸟和它们的父亲一样，很快就学会了抱团取暖，保护自己免受南极风暴的侵袭。当帝企鹅雏鸟经受着可能是世界上最恶劣的天气考验时，在加拉帕戈斯群岛的小企鹅们也能独当一面了，它们在克伦威尔洋流带来的凉爽水域中游得正欢。

如果说用一张快照就能很好地展现两种企鹅的故事对比，那就是这一张了。

对页：加岛企鹅生活在赤道附近炎热的火山岛上，
有些个体甚至分布在北半球。在野外，这些企鹅从未见过冰雪。

上图：与帝企鹅面临的冰冻环境不同，加岛企鹅在孵卵时
（比如图上这只）的主要危险在于温度过高。

鞘嘴鸥

地下室的清洁工

你知道哪一个科鸟类的分布范围只在南极地区吗？不是企鹅，毕竟有的企鹅生活在温带甚至是热带地区；也不是信天翁，或者别的什么鸟。答案是鞘嘴鸥科（Chionidae）鸟类，一群奇特而又隐秘的白色鸟类。它们看起来介于鸥和乌鸦之间，但有些地方又长得像小鸡，而它们飞翔的身影犹如鸽子。

在以海鸟为主的区域里，鞘嘴鸥是唯一的陆生鸟类。其中，黑脸鞘嘴鸥（Chionis minor）生活在南极周边岛屿，如克罗泽特岛、凯尔盖伦岛、马里昂岛、爱德华王子岛、赫尔德岛和麦克唐纳岛。而白鞘嘴鸥（Chionis albus）繁殖地在南极半岛，它们会迁徙到福克兰群岛和南美洲南部越冬。在南极地区繁殖的鸟类当中，它们是唯一没有脚蹼的。二者体型都很小，身材有些圆滚，长得一点也不显眼。在世界上最能飞的鸟类（信天翁）和世界上最能游的鸟类（企鹅）生活的地区，鞘嘴鸥显得如此普通。

不过，有一种工作对资质要求并不严格，那就是当一个垃圾工，或者说清洁工。鞘嘴鸥就属于鸟类当中的清洁工，它们经常把垃圾吃进自己的肚子里。世界上很多地方的秃鹫都会做类似的事情，不过至少它们在飞行能力方面无可挑剔，鞘嘴鸥则经常在"客户"脚下做生意。

其实，每一个清洁工都需要一种资质，那就是耐得住寂寞。鞘嘴鸥吃的东西，用委婉点的话说，就是来者不拒。鞘嘴鸥基本上都是食腐动物，会吃各种腐食，它们会捡大型食腐动物吃剩下来的小块碎肉，比如贼鸥（Stercorarius spp.）、黑背鸥（Larus dominicanus）和巨鹱（Macronectes spp.）的残羹剩饭。这意味着，它们会吃海豹的胎盘，也会吃鸟类换羽后脱落的羽轴。除了食肉以外，鞘嘴鸥还有吃粪便的习惯，这实在恶心到了南极地区的鸟类研究员。它们会毫不犹豫地吞食海豹的鼻涕，偶尔也会偷吃哺乳期海豹的奶水。如果海豹或企鹅不幸受伤了，鞘

嘴鸥会吃它们的血，这对于受伤的物种来说无异于雪上加霜。在南极地区，一切资源都应被充分利用。

你可能会觉得鞘嘴鸥的生活方式令人厌恶，但至少你应该知道，它们和秃鹫一样，在生态系统中发挥着重要作用——清除垃圾。但这并不是鞘嘴鸥生活的全部。遗憾的是，它们在演化适应上已经超出了腐食者的角色，它们还会豪无节制地寄生和捕食别的物种。它们的鞘状喙会让企鹅的生活变得非常痛苦。

当春天来临，企鹅们来到繁殖地的时候，正是大量鞘嘴鸥活跃的时节。事实上，在鞘嘴鸥分布的很多地方，如果不是因为企鹅无意中的慷慨相助，它们根本无法繁殖下去。结对的鞘嘴鸥会坚决

上图：鞘翅鸥的繁殖成功与否几乎完全依赖于企鹅种群。

地守卫一片包含许多企鹅巢的领地，然后在领地内虐待可怜的邻居。它们是从企鹅眼皮底下偷卵的高手，尤其是前文提到的凤头黄眉企鹅那枚被遗弃的卵（第152页）。更为阴险的是，它们还会把非常小的企鹅雏鸟带走，偷回自己的巢穴里去肢解和食用。不过对所有的企鹅来

说，这是一种无法避免的危险。即便没有鞘嘴鸥，企鹅仍然要面临来自巨鹱和贼鸥的威胁。

事实上，企鹅对体型较大的迫害者的反应总是比对鞘嘴鸥的反应要激烈得多。贼鸥和巨鹱对成年企鹅构成直接的威胁，而鞘嘴鸥由于体型小得多，所以常被企

上图：鞘嘴鸥是南极洲唯一的陆生鸟类，
也是唯一繁殖范围仅限于南极的一类鸟。

鹅忽略。这也是为什么小一点的鸟类往往能在小偷小摸中脱身，它们甚至可以在成群的企鹅中来回走动，而不会引起企鹅的激烈反应。此外，鞘嘴鸥的身手也很敏捷，可以躲过企鹅的直接攻击。更少见的情况是，鞘嘴鸥会试图偷取鸬鹚和鸌的卵，当然它们也得能逃过一劫。

虽然鞘嘴鸥对成年企鹅并不构成威胁，但如上文所述，它们对企鹅的生活造成了严重的干扰。鞘嘴鸥不只是为了偶尔吃上一枚卵或幼雏才去偷袭企鹅巢，也不只是为了帮企鹅清理垃圾。它们偷袭的真正原因是为了拦截亲鸟准备喂给雏鸟的食物。当企鹅外出觅食归来时，往往会带回大量高营养价值的食物，比如磷虾，一种数量庞大的南极甲壳类动物。对于鞘嘴鸥来说，这是不可错过的好机会。如果鞘嘴鸥能骚扰到正在反呕食物的企鹅，或者分散准备进食的小企鹅的注意力，那么它们就能够把食物偷出来给自己的后代吃。有时结对的鞘嘴鸥会一起行动，其中一只鸟会向着成年企鹅的喙飞去，近距离骚扰并试图惹怒对方，另一只鸟则会吸引企鹅雏鸟的注意力。斗争过程可能相当激烈，而且鞘嘴鸥一旦急起来，甚至会为了偷食物把企鹅打翻在地。

总的来说，鞘嘴鸥的攻击并不会伤害到企鹅的后代，因为企鹅种群中只有大约1%的食物被鞘嘴鸥抢走。另一方面，偷取食物这种行为，对鞘嘴鸥来说是至关重要的：它们的雏鸟可能有90%的食物来源于此。

企鹅和海豹会在繁殖季结束时离开繁殖地，这意味着鞘嘴鸥的好日子到头了。丰富的食物、遍地的死尸、唾手可得的卵、新鲜的血液，这一切都成了昨日记忆，甚至连鼻涕也吃不到了。到了冬天，节节退缩的鞘嘴鸥只能在海边吃点海藻、软体动物以及昆虫幼虫等残羹剩饭。少数个体会远离大海，冒险到陆地上觅食。它们在沼泽地上主要以蠕虫为食，也会吃土壤中其他无脊椎动物。哪怕雨雪天也常见到它们觅食的身影。

但这毕竟只是权宜之计。不过换个角度你也可以说，就适应性而言，鞘嘴鸥在任何地方都难见敌手。说到谋生手段，鞘嘴鸥就是王者。

漂泊信天翁

慢舞助成功

漂泊信天翁（*Diomedea exulans*）拥有鸟类世界中最顶级的飞行能力。然而在陆地上，它们看起来一点也不轻松。它走路时低着头，弓着腰，身体左摇右晃，就像一个吃撑了的建筑工在推着独轮车。而说到求偶，你可能会认为漂泊信天翁会利用自己的飞行优势。也许雄鸟可以通过高速飞行，或者在雌鸟眼前以盘旋的方式向雌鸟展示自己的实力？也许它还可以展示自己的耐力，一圈一圈地在繁殖地上空绕飞？也许它还可以倒立飞行或者表演其他空中特技？在我们看来，这些似乎都很适合漂泊信天翁。

但它们究竟是怎么求偶的？跳舞。在地面上，漂泊信天翁的尴尬舞姿是显而易见的，至少从我们人类看来是如此。漂泊信天翁在选择配偶时，依据的并不是自己擅长的事情。

它们跳的很难称得上是舞蹈。这种舞蹈展示包含一系列的动作，并伴有响亮的叫声，通常在雌鸟站着不动的情况下进行。之所以称之为舞蹈，是因为它与许多人类的舞蹈有一个共同点，都是一种集体活动，有时会有 20 只甚至更多的鸟儿同时参加。而人类的舞蹈，通常先有两到三个领舞，之后其他人作为伴舞参与进来。

看着这些可怕的鸟儿（它们真的大得吓人）沉浸在充满仪式感的姿态当中，真是一种让人着迷，同时又很滑稽的场面。即使在人们近距离观看它们求偶舞蹈时，它们也会保持这种姿态。科学家们在给舞姿命名时，往往不会采用科学客观的术语，而是称它们为"呆呆舞"（gawky look）或者"耸肩舞"（scapular action）。

它们的嘎嘎叫和尖叫声更是倍添乐趣。前一秒雄鸟还在抬头望着天空，下一秒就低下头来，一副彬彬有礼的样子。

对页：信天翁能够保持长期乃至终生的配偶关系。

与此同时，雄鸟还会对另一只雄鸟怒气冲冲地连续开合自己的喙，摆出攻击性姿态，而后者此时正在优雅地梳理着自己的羽毛。

朝天鸣叫是漂泊信天翁求偶舞蹈的高潮动作，鸟儿抬头仰望天空，以雄赳赳的姿势张开翅膀。与此同时，它们把尾羽舒展开来，并发出一阵短暂的尖叫声，通常持续两三秒。这往往会激起其他鸟类观众的反应，然后群鸟便陷入狂热的气氛当中。这种展示通常是在信天翁的鸟巢附近进行，表演舞台则是一个挖到一半的浅坑。大多数的朝天鸣叫是由雄鸟发出的，如果雌鸟觉得某只雄鸟表现不错，它可能会让这只雄鸟带着它离开鸟群，但这仍然是仪式的一部分，此时的雌鸟往往并不会和雄鸟交配。

这样的求偶展示深深吸引着许多冒险家和科学家，于是他们纷纷前往亚南极海域的岛屿，拜访信天翁的繁殖地。当然对信天翁来说，求偶展示还有一个严肃的目的，那就是要从现有的候选者中挑出合适的配偶。不过，最让人惊讶的是，这些鸟儿需要相当长的时间才能做出选择。漂泊信天翁可能会在繁殖季开始时（通常在 11 月）飞临海岛，整个夏天都在进行求偶展示，但并不会有实质性进展。许多案例表明，漂泊信天翁可能需要六七年的时间，才会建立配偶关系并开始繁殖后代。有意思的是，一旦它们完成配对，就不再参加任何一场夸张的求偶展示了。也许我们不应该感到惊讶，毕竟当自己有了孩子以后，我们也会告别夜店生活。

人们往往没有意识到，漂泊信天翁的生命周期是多么的漫长。它们是非常长寿的鸟类，只要能熬过第一年，这些鸟儿普遍能活至少 50 年。在这种情况下，作为世界上飞行速度最快、最令人敬畏的鸟类，漂泊信天翁在做其他任何事情时都是优哉游哉的状态。

总的而言，在经过了 5~7 年的青年时期后，漂泊信天翁才第一次来到繁殖地。年轻的信天翁初来乍到，看起来有些羞涩，不知所措，但它们很快就融入了跳舞的"游戏"中，每一年非正式"配对"的雄雌鸟（雄鸟带着雌鸟离开求偶现场）数量也越来越多。无论雄鸟还是雌鸟，

对页：漂泊信天翁著名的朝天鸣叫。
这种展示行为仅见于未配对的个体。

它们在 10 岁之前通常都不会繁殖，偶尔有的个体到 15 岁时还在单身。漂泊信天翁配对时的年龄甚至已经超过了许多小型鸟类的平均寿命。

但为什么要花这么久才配对呢？只能说，它们是一种十分小心谨慎的鸟类。总的来说，信天翁对配偶的忠诚度很高，至少部分原因是雏鸟需要双亲共同喂养。它们的繁殖速度也很慢。从产卵到雏鸟长出羽毛并离巢，需要一整年的时间。漂泊信天翁通常每隔一年才繁殖一次。你可以认为，信天翁在跳舞的时候，下了很高的赌注。

大多数鸟类即便是结对以后仍然会和配偶以外的个体进行交配，但信天翁不会这样做，它们的配偶关系往往是排他性的，而且能够维持终身。离开配偶的情况也确实会发生，但这种情况非常少见，而且破坏性很大。离开配偶只有在连续几次繁殖失败后才会发生，而一旦真的离开配偶，至少在第二年到来之前，它们是不会考虑新欢的。据计算，离开配偶会使信天翁一生的生育数量降低 20%。

因此信天翁的求偶舞蹈是一项细致、谨慎、严肃的事情。它们看重彼此怎样的特质，我们恐怕永远都不会知道，但这种特质应该不是速度。

对页：已配对的信天翁不再需要进行复杂的求偶展示
——只需要叫一两声就可以了。

群岛

燕尾鸥
充分利用黑夜

燕尾鸥（*Creagrus furcatus*）一生中大部分时间都在热带海域度过。它的主要繁殖地是位于南美洲大陆以西，横跨赤道的加拉帕戈斯群岛，在哥伦比亚外海的一个岛屿上也有一个聚居地。这种情况很不寻常，因为很少有鸥类生活在热带地区，很多观鸟人第一次来的时候也会注意到这种反常现象。岛上有燕鸥、鲣鸟和军舰鸟，但鸥却难觅踪影。

原因之一是，热带海域的资源远不如高纬度海域那么充足，所以更难找到食物，尤其是像鸥类这样无法潜入深海的鸟类，找到食物尤其艰难。而燕尾鸥主要在远离陆地的深海觅食，食物资源尤其匮乏。每次成功捕食获取的食物分量也难以预测，毕竟海洋食物供应的结构化程度较低。这就是为什么燕尾欧分布最密集的地方是高纬度的热带海域。

不过，热带海域的洋流周期有一个较为可靠的优点，那就是昼夜垂直迁移（diel vertical migration，DVM）。意思是有机生物白天留在深水处，到了夜间会有规律地向水面移动。DVM 是世界上规模最大的生物迁移现象，发生在所有的大洋和许多大型淡水湖泊中。据了解，每一个种类的浮游动物都有这种迁徙现象，迁徙范围从几米到数百米不等。总的来说，它们会在黄昏时前往较浅的水域，黎明时再回到深水区域。这意味着在极端情况下，昼夜水面的食物密度可能相差 1000 倍。这些有机生物迁徙的原因很简单，就是为了躲避昼行性的捕食者。

对于海洋上空的捕食者来说，如果能以某种方式利用 DVM，那将获得显著的收益，而燕尾鸥似乎就做到了这一点。燕尾鸥已经演化出了一种与同一个科的

对页：燕尾鸥在鸥类中是独一无二的存在，
因为它几乎完全是在夜间觅食——除了满月的夜晚外。

成员完全不同的生活方式——它们变成了夜行性生物，正好与海面上食物丰盛的时间相吻合。每到黄昏时分，加拉帕戈斯群岛的悬崖峭壁上的燕尾鸥就会纷纷活跃起来，它们在夜幕降临时成群结队出海，一路上乱哄哄地叫个不停。

燕尾鸥已经演化出了适应夜间生活的生理特征。它们眼球略大，角膜在视轴方向上，比体型相当的鸥类略厚。它们在视网膜后方还有一层类似镜面的膜质层，可以反射光线，使光感受器受到更强的刺激。有趣的是，燕尾鸥血浆中的褪黑素水平在一天之内始终保持恒定，这表明这些鸟类并没有规律的睡眠周期，因为褪黑素的增强会产生睡意。尽管燕尾鸥在夜间捕食，但它们白天也经常醒着。它们也会在白天飞越海面，在水上或陆地上梳理羽毛，进行交配等繁殖活动。所以从严格意义上来说，燕尾鸥并不是完全的夜行性生物。

最近一项针对燕尾鸥夜间觅食的研究发现了一个很有意思的现象。研究对象是加拉帕戈斯群岛的 37 个繁殖对，研究过程中使用了装有干 / 湿感应的全球定位传感器，这样科学家们便知道燕尾鸥何时在海面上游泳。结果显示，它们只有在某些夜晚才会到海面上觅食。如果你喜欢的话，可以把它们称为"兼职夜班族"。有几次天黑以后，全球定位传感器在燕尾鸥繁殖的悬崖上探测到它们；还有几次，它们只是在夜里飞来飞去，并没有落到海面上。某种程度上，这是一个令人惊讶的结果。因为鸟类在繁殖季需要喂养雏鸟，人们会想当然地认为燕尾鸥会抓住一切机会外出觅食。某些夜晚，燕尾鸥对觅食充满了热情；而另一些夜晚，它们只是静静地坐在原地。

然而事实证明，燕尾鸥的做法很有道理。当明月照亮海面的时候，它们往往会按兵不动。显然在月光下的夜间觅食，其成本要大于潜在收益。觅食的个体数量，以及夜间在海面上觅食的时间，与月相高度相关。在新月时，觅食的数量显著增多，而在满月前后这段时间，燕尾鸥的活跃程度并不高。

一直以来人们都认为，日照强度并不是决定 DVM 的唯一因素，它也是随着月相周期而变化的。浮游生物在白天避开日光，为了安全而迁徙到深水区。同样地，在月光强烈的夜晚，它们也会留在深海中。此时通向海面的 DVM 仍然会发生，但数量大大减少。

燕尾鸥最喜欢吃的食物是鲱科的一种乌贼，叫作南海鸢乌贼（*Sthenoteuthis*

oualaniensis），体长 10 厘米左右。燕尾鸥会在海面游泳时一头扎入水中来捕捉乌贼。因此只有在猎物靠近海面时，燕尾鸥才有机会捕捉到猎物。据了解，无论是乌贼还是成群的鲱鱼，它们都有强烈的夜间垂直迁移倾向。在捕鱼技术有限的前提下，燕尾鸥充分利用了 DVM 最旺盛的时候。如此看来，除非夜间 DVM 活动非常活跃，否则燕尾鸥根本不会外出觅食。

燕尾鸥是世界上唯一一种主要在夜间觅食的鸥类，也是唯一这么做的海鸟。对燕尾鸥适应月相周期的研究表明，它们除了在光照减弱的情况下会外出觅食，其他时候也会灵活变通。也许将来某一天，我们会发现其他海鸟也有类似的能力。

上图：一双大眼睛表明燕尾鸥有夜间捕食的习性。

塚雉
大脚的啪嗒啪嗒声

　　大脚怪真的存在，它们生活在太平洋的岛屿上。但这些大脚怪是一种平和的生物，它们只会用脚来挖东西，而不会用其从事任何暴力的活动。这一消息无疑让北美那些大脚怪爱好者感到失望了，但从严谨的生物学角度来说，这些真正的大脚怪有它们自己的传奇故事，甚至能够一直追溯到巨型陆地生物在地球漫步的时代。

　　今天，这些大脚怪的真实身份其实是塚雉（Megapodes），它们是鸟类中一个很小的科。这个名字来自属名 *Megapodius*，字面意思也是"大脚"。这个科现存 20 多个物种，都长着一双硕大无比的脚，这也是它们区别于其他鸟类的核心所在：它们会挖掘洞穴，建造土丘。塚雉并不是通过身体接触来孵卵的，而是利用一些外部资源来为卵提供热量，这在鸟类当中是独一无二的。

　　在澳大利亚，最著名的大脚怪包括：斑眼塚雉（*Leipoa ocellata*）、灌丛塚雉

（*Alectura lathami*）和橙脚塚雉（*Megapodius reinwardt*）。不过，这个科的鸟类主要还是分布在太平洋群岛，有些只生活在单个岛屿，有些在数座岛上都有分布。有充分证据表明，目前现存的塚雉物种数量还不到近代的一半，大约有 30 个物种已经灭绝。尽管塚雉是地栖鸟类，而且体型和猎禽相当，但它们仍然有着到处漫游的习性，经常可以看到它们飞过大片水域，在近海岛屿上定居。这些长得像鸡一样的鸟儿穿越的不是马路，而是海峡。

　　马利塚雉（*Megapodius laperouse*）是该科的典型鸟种，分布在帕劳和马里亚纳群岛北部，也有人曾在关岛见过这种鸟。它的体型较小，体长约 30 厘米，常发出嘈杂的叫声，通体以黑色为主，头顶呈浅灰色，腿和喙为橘黄色。与大多数塚雉一样，生活在帕劳的马利塚雉会在土壤中建造一个大土丘，用来孵化自己的卵。对于这种体型中等的鸟而言，

仅靠脚来刨泥沙就能建起土丘，是一件很了不起的事情。建好的土丘一般长7米，宽6米，高1米多。当然，土丘关键在于其结构，而不仅仅是成堆的巢材。大多数的土丘中都含有大量的有机物，通过微生物降解植物时释放的热量来孵卵。土堆的其余部分通常是沙子，其作用是为了防止分解产生的热量从土堆中散出，同时也能更好地隐藏鸟卵。

修筑土丘是很辛苦的一件事，产卵也是如此。塚雉通常隔几天产卵一次，有时产卵会间隔一周以上。每一次产卵，它们都要用那双大脚在土丘上先挖一个新洞，以安顿这枚新产下的卵。（每个土丘中含有的卵有多有少，但一般都会超过10枚。）整个过程可能需要几个小时，而且往往需要付出额外的精力来维护土堆，即在土丘上增添或移除部分沙子，使内部始终保持适宜的温度。就马利塚雉来说，孵卵温度应该在30~33℃之间。很

上图：橙脚塚雉是塚雉科的一员，以其夸张的大脚而闻名。

可能所有的塚雉都能测量出土丘的温度，虽然不知道它们是如何做到的。它们往往会把喙插进土丘里"品尝"一番。

时不时地对这座孵化器进行修缮的工作，对于马利塚雉而言，已经尽到了自己的养育职责，毕竟它们也有自己的生活。每枚卵都单独产在土丘内，孵化出来的雏鸟也不会得到亲鸟或自家兄弟姐妹的支持。幸运的是，雏鸟的孵化期比其他鸟类要长得多，鸟类学家有时会称之为"超早成"（superprecocial）的发育。孵化以后，马利塚雉雏鸟就能独立生活了，这一点其他所有的鸟类都做不到。

它们超早成的发育是从卵子开始的。马利塚雉卵比体型相似的鸟类大2~3倍，而且卵黄的含量也比同类鸟类多得多（占

对页：虽然看起来身形笨拙，但马利塚雉却是飞行能手，
在岛屿间穿梭完全不成问题。

上图：马利塚雉可能是世界上唯一采取3种不同类型孵化策略的鸟类。
把卵放在土堆里，利用地热或阳光照射沙子产生的热量，
让亲鸟从照顾雏鸟的烦琐任务中解放出来。

总体积的 50% 以上）。它们的卵壳比其他鸟类要薄，而且有特殊的适应性孔隙，让埋在土壤中的卵也能进行气体交换。于是孵化后的雏鸟看起来就像是放大版的小鸡。雏鸟并不会用破卵齿破壳，而是用脚。出生后，雏鸟在沙地和落叶层爬行，有时会脚朝天仰面休息，以保持下体干燥。从土丘中爬出后的雏鸟就已经是高度发育的状态，几乎马上就能起飞，这在鸟类中也是独一无二的。但实际上，刚爬出来的雏鸟往往都已精疲力竭，非常脆弱。尽管天生一对大脚，雏鸟行走时仍然跌跌撞撞，这种情况会持续几个小时。

很难让人相信，在雏鸟如此艰难的孵化过程中，它们的亲鸟完全不见踪影，也不知道自己的后代是否活了下来。不过土丘在很大程度上替代了亲鸟。土丘使得塚雉从辛苦而高风险的孵卵和养育工作中解放出来，但它们依然能够享受到成功繁殖的果实。

塚雉的生命故事已经很不寻常了，但马利塚雉还有一个简短的章节要讲。从某种程度上说，这个物种甚至比它的亲

上图：橙脚塚雉是澳大利亚3种塚雉之一。
这种鸟会建造土丘，利用微生物分解植被的热量来加热卵。

戚更不寻常。虽然我们可能会把建造土丘看作对非接触性孵卵的一种极端适应，但事实上，这并不是马利塚雉唯一的演化适应。帕劳岛上马利塚雉会建造土丘，但在马里亚纳群岛上，它们的习性完全不同。

环太平洋地区的岛屿是世界上地表火山活动最活跃的地区之一。一些岛屿上有天然的地热开口，其周围能够提供稳定的温度。虽然这些地热资源在规模和空间上受到诸多限制，但它们确实为马利塚雉（和其他物种）提供了非接触孵卵的条件，甚至于亲鸟都不用再建造一座土丘。雌鸟唯一要做的就是挖个坑产卵，然后让地热完成剩下的工作。在其他地方，一些塚雉也会做类似的事情，但它们并没有选择有地热资源的地面，而是直接在沙地上产卵，让阳光来提供温度。至少在某些地区，这些适应性极强的马利塚雉会这么做。因此马利塚雉也许是世界上唯一拥有3种完全不同的孵化策略的鸟类。

要知道，这涉及其他鸟类从未效仿过的巨大的行为变化。那最初塚雉是怎么开始建造土丘的呢？有人认为，源头可能是某些成鸟为了安全起见，在离巢时会暂时把卵藏在植被里——鹪鹩就有这样的习惯。从那时起，塚雉的祖先在照顾卵上花的时间越来越少，毕竟它们逐渐掌握了利用热能的诀窍。终于有一天，塚雉彻底丢下自己的后代不管了。

这样的变化也许永远不可能发生在陆生鸟类中，否则刚做出这种适应性改变的个体很快就会落入捕食者的口中，导致包括鸟类在内的各种大型动物的后代都会被扼杀在萌芽状态。然而在海岛，由于没有陆地那么多的天敌，物种的演化方向往往会超出常规。看来，"不孵卵"就是其中一个案例。

新喀鸦

世界上最聪明的鸟？

世界上最聪明的鸟类来自太平洋西南方向的一座中型岛屿？这肯定没错。新喀鸦（*Corvus moneduloides*）被誉为动物界中除人之外最擅长使用工具的动物，而工具的使用被认为是衡量智力的标准。如果这是真的，那新喀鸦真是了不起的物种。新喀鸦看起来和大多数乌鸦没有什么不同，全身都覆盖着黑色羽毛。考虑到它们在世界各地都有近亲，人们不禁要问，为什么唯独在新喀里多尼亚岛上的这一支在智力上出类拔萃呢？

我们知道的是，新喀鸦能够使用各种工具，无论是野外还是圈养的个体都是如此。在新喀里多尼亚，它们最喜欢的食物之一是天牛科的一种生长在树木里的长角甲虫的幼虫，也是只在岛上才有的物种。这些幼虫含有很高的热量，只需要吃几只就能满足新喀鸦一天的需求。

这些幼虫藏身于树木的缝隙和孔洞中，单靠鸟喙是很难，甚至完全不可能捉得到的。因此新喀鸦要做的，就是用树枝把幼虫赶出来或者拖出来。加拉帕戈斯群岛上还有其他鸟类会做类似的事情，比如拟䴕树雀（*Camarhynchus pallidus*）。

新喀鸦在工具使用上的特殊之处在于，它们会更进一步，用不同的材料制作出不同的工具，每一种工具都有相适应的场合。拟䴕树雀通常只是拿起一根看起来合适的树枝，通过反复使用达到理想的尺寸。当然，这样的表现已足够惊艳了。而新喀鸦能够打造出包含各种工具的工具库，有些工具是为特定任务而造的。而且它可以将各种不同的植物碎屑制成工具，包括叶子、草、竹茎、小枝、荆棘藤和蕨类植物的匍匐茎。

研究人员发现，新喀鸦制造的工具主

对页：在所有鸟类，乃至所有动物中，新喀鸦使用的工具复杂程度最高。
这只新喀鸦在用一根棍子来获取无脊椎动物。

要有三大类：一是类似于拟鸮树雀所使用的"普通"树枝；二是末有钩子的树枝；三是用露兜树（*Pandanus* spp.）带刺的叶缘制造的工具。这听起来可能很简单，但制作这些工具可能需要相当长的时间来练习。毕竟，其他鸟类只有自己的喙可以用。比如说，如果新喀鸦需要末端有钩子的工具，可能就得靠撬动一部分木头来制造。另外，如果它使用的是带有很多钩子的藤茎，那它就得把不需要的钩子去掉。最后的成品往往是标准化的，外形取决于所用的材料，这也是新喀鸦在工具使用时与众不同的一面。

它用露兜树叶制作的工具更为惊人。

研究人员发现，这些工具，也有 3 种不同的型号：宽的、窄的和渐变式的（一端宽，另一端窄）。露兜树叶呈长条状，边缘有倒刺。新喀鸦只需沿着边缘撕下宽度一致的叶片，叶缘上的倒刺就能像钩子一样把猎物拖出来。而渐变式的工具，做工特别精细。新喀鸦需要先撕下一片叶子，然后沿着条状叶子的边缘一步一步修剪，直到形成一端窄，另一端宽的样式，以方便用喙叼着。

多项研究表明，新喀鸦利用露兜树叶制成的工具类型呈现明显的地域分布。而且这种差异性与生态环境、气候等因素没有任何已知的相关性。因此我们能够得出结论：每个种群的新喀鸦都有其传承的文化。岛上某一区域的新喀鸦可能会使用渐变式的工具，而隔壁的同行则会使用宽大的工具。甚至于，不同种群之间制造的工具也是标准化的，因此无论是哪一种型号的工具，在种群间都有一样的外观。这表明随着时间的推移，这些工具可能经历了许多阶段的改进，并且在整个种群内部传播开来。如果这一猜想成立，新喀鸦将是第一种能够积累并传承工具改造经验的非人类物种。

而新喀鸦生理上的某些特征，也能印证它们在工具制造方面卓越的技术（包括改进）能够在代际间传承的猜想。新喀鸦亲鸟会照顾雏鸟很长一段时间。最近的研究发现，亲鸟会在雏鸟长出羽毛10 个月后仍然定期给雏鸟喂食，这比其他体型相似的鸟类长得多。相较而言，欧洲的小嘴乌鸦（*Corvus corone*）只会持续一个月。工具使用这样的精细技能需要长期的学习和训练。

在野外，新喀鸦的智力和技巧已经表现得淋漓尽致。但在实验室里，这些鸟类的非凡能力才能完全展现出来。最著名的例子是两只叫作贝蒂和亚伯的圈养新喀鸦。在一次实验中，两只新喀鸦要在一根笔直的金属丝和带弯钩的金属丝之间进行选择，从而获取放置在垂直玻璃管中的装在小桶里的肉。亚伯捡起带钩子的金属丝，给贝蒂留下了另一种金属丝。虽然之前从未见过这种工具，也没有做过任何类似的事，但贝蒂还是将金属丝的一端掰弯，形成一个钩子，只需抬起小桶的把柄就将食物取出。这种立刻就能巧妙地使用完全陌生材料的能力，充分体现了新喀鸦的智慧。

进一步的实验不过是在验证新喀鸦无与伦比的天赋。当面对玻璃管内漂浮的食物时，新喀鸦能够利用已有经验，将石子投入水中，使水位上升，直到自己够得着食物为止。在大石子和小石子间，它们总是优先使用大石子，从而更快地完成任务。还有一些新喀鸦能够用镜子来定位身后的食物，这种将镜像与现实世界联系起来的能力，在非人类物种中几乎是独一无二的。还有一些新喀鸦展示了"原工具"的使用，其中一个案例是用一根短棍子打开一个装有长棍子的火柴盒，然后用长棍子来获取食物。新喀鸦把获取食物分成两个阶段，其中第一个阶段没有立即获得奖励，这样的能力在所有鸟类和高等灵长类动物中都不曾见到。

对这些迷人的鸟类进行的实验，将一如既往地展现它们了不起的心智。最近的一项实验表明，新喀鸦能够将看不见的原因和观察到的结果联系起来。在这项实验中，可以看得见的是一根粗棍子通过缝隙被插入笼子里，靠近它们的喂食盘；它们看不到的是人类在操控这根棍子。如果棍子不知从哪里突然冒出来，它们就会变得很紧张，并对喂食盘产生警惕。但是，如果它们看到有实验员进入藏身处，然后棍子动了，接着那位实验员离开。新喀鸦就能把棍子的出现归因于这个人。尽管没有实际看到实验员在操纵棍子，它们仍然会开心地靠近喂食盘，一点也不害怕。

新喀鸦的智力边界在哪儿，至今仍是无数实验的研究课题。可以确定的是，在未来的许多年里，我们仍然会对新喀鸦源源不绝的创造力发出由衷的赞美。

但最核心的问题仍然是：为什么在新喀里多尼亚岛上的这种鸟类，拥有的智慧显然远远超过了世界上其他任何非人物种。这个问题恐怕连最聪明的人类都无法给出答案。

蓝极乐鸟
无花果和水果让天堂降临人间

极乐鸟是一个让人浮想联翩的名字，包括42种鸣禽，而且它们和乌鸦的亲缘关系很近。有句话叫作"盛名之下，其实难副"，但极乐鸟却是名副其实的鸟儿。它们完美得超乎你的想象，仿佛天堂才是它们的乐园。极乐鸟拥有所有鸟类中最华丽的羽饰，它们的羽毛无论是形态还是颜色都远比其他任何鸟类更为丰富多彩。但事实上，极乐鸟的名字来源于一个奇特的标本，而非它们真的住在天堂。当第一批极乐鸟的标本在16世纪被人带到欧洲的时候，它们的腿和内脏已经在买卖过程中被去除了。当时的人们误以为，既然这些华丽的鸟儿不需要食物和栖息地，那它们一定是漂浮在"天堂"里。

为了一瞥极乐鸟的华美，有太多的观鸟爱好者愿意出卖自己的灵魂。让观鸟人心生向往的原因是，这些迷人的鸟儿仅存在于新几内亚，一个充满了各种宝藏，却人迹罕至的热带岛屿。但更为重要的是，极乐鸟色彩鲜艳、造型奇特、求偶华丽，它们无与伦比的魅力让许多观鸟人魂牵梦绕（新热带地区的冠伞鸟是唯一能与之媲美的鸟类）。而我甚至还没有说到极乐鸟的叫声——听起来洪亮，但有些奇怪的音色。说实话，这样的音色恐怕和天堂也不搭。

如果有一个物种能作为这个最华丽的鸟类家族的代表，那便是蓝极乐鸟（*Paradisaea rudolphi*）。蓝极乐鸟和小型乌鸦差不多大，但却有着电影明星般美貌的外表，不过它的却不是钟情于自我炫耀的鸟儿，至少日常生活中看起来十分低调。雄鸟和雌鸟身体呈黑色，翅膀和尾羽则是钴蓝色，雄鸟的颜色略为明亮一些。头部的配色对比鲜明：粉蓝色的喙看起来强劲有力，白色月牙型眼圈非常显眼地装饰在眼睛的两侧。成年雄鸟

对页：雄性蓝极乐鸟侧翼的羽毛在"正常"的羽毛下突出出来。

只有从后面看时才会和雌鸟有明显的区别，雄鸟的尾羽下面有一束丝状的尾带，看起来就像在芭蕾舞短裙外套了一身西装。上体羽毛为琥珀色，下体从钴蓝色到紫罗兰都有。除了上述特征外，雄鸟的中央尾羽也大大延长。如果从鸟喙到尾羽最尖端来算，其整体长度会增加一倍。丝带尾羽末端为铲形，颜色为炫彩蓝，有时会像汽车尾灯一样闪闪发光。

所有的华彩，都是为了给雌鸟留下深刻印象，但雌鸟并没有那么容易被打动。首先，雄鸟得有一片专属的领地，而这需要雄鸟在激烈的竞争中不断积累经验，

最终爬到树的顶端才能获得。其次，它必须站在高处的枝头鸣唱，向外界宣告自己的存在以及求偶的意向——鸣唱的曲子是由一连串上扬的急促声音构成，音色有点类似于钟声。最后，雄鸟还得建立自己的求偶场，并在场内进行求偶展示，以期路过的雌鸟会对自己产生兴趣。雄鸟可能每天要展示几个小时，一连好几个月都是如此，但很少有雌鸟前来观赏。雄鸟的展示地点几乎都在离地1~3米高的树上，上面往往有大量矮树丛的枝叶覆盖。雄鸟会时不时打理自家的表演场地，摘掉附近多余的树叶，让舞

台看起来干净清爽，又不缺点缀。

对我们来说，蓝极乐鸟的求偶展示堪称世间奇观。即使像奥运会体操项目裁判这般眼光挑剔、铁石心肠的人看到它们的表演也会为之动容，尽管这些裁判的打分经常让人摸不着头脑。蓝极乐鸟能像蝙蝠一样倒挂着进行求偶展示，这样的行为在鸟类求偶展示中十分罕见。它也许前一刻还栖息在低矮的树枝或藤蔓上，下一刻便看到它向后滑动，长长的丝带尾羽一半上翘，一半下垂，形成

半个爱心的形状。

很明显，倒挂树枝的姿势能让雄鸟充分展示两侧的羽毛。倒挂着的极乐鸟让羽毛蓬松起来，形成闪闪发光的 V 字造型，看起来就像孔雀尾上覆羽的末端。双脚下方是钴蓝色底边，下边还有一条很宽的紫色带纹。胸口有一块宛如瞳孔的黑色斑块，呈圆形或椭圆形，视绒羽的生长情况而定。喉部有炫彩的蓝色羽饰。当然，雄鸟并非像装饰品一样挂在那里一动不动，而是会快速振动羽毛，

对页：极乐鸟凭借它们强有力的脚和强壮的体格，很适合在不太方便的位置摘取树上的果实。

上图：蓝极乐鸟是所有鸟类中极少数能倒立求偶展示的鸟类之一。

充分展现其色彩斑斓的颈部，让这场视觉盛宴更加耀眼。不仅如此，雄鸟还会给展示过程配乐。当雌鸟在场时，雄鸟会迅速发出一连串重复的嗡嗡声，与展示动作相互呼应，让这场华丽的演出冲向高潮。可以毫不夸张地说，这种奇特的声音让极乐鸟化身为发条玩具——抖动的身姿，颤抖的鸣声，简直就像内置电机的玩具一样。这也许是世界上最奇特的鸟类求偶展示了。

亲眼看着蓝极乐鸟雄鸟在雌鸟面前展示自己华美的羽饰，无疑是观鸟人毕生梦寐以求的体验。同时，人们也不禁思考这样的问题：雄鸟将自己的生命中大部分时光投入打磨求偶动作中，只为了在短暂的求偶过程中展现自己最好的一面。这样的演化适应究竟是怎样产生的？雄鸟为何能够负担得起如此华丽的羽毛？它又是怎么演化出倒挂求偶的行为的？

这些问题没有人能够做出完整的回答，但有一个被广泛接受的理论，也许能够解释极乐鸟如此华美的求偶背后的成因。有人认为，随处可得的水果（在岛上主要是无花果）让极乐鸟从寻找食物的生存挑战当中解脱出来。在热带雨林中，适宜的温度、营养丰盛的水果，再加上富含蛋白质的各种昆虫，让觅食变得十分容易，生存也不再成为问题。在这样的环境中，雌鸟完全能够独立完成繁殖任务，包括在没有任何帮助的情况下喂养雏鸟（虽然每窝卵数量很少，比如蓝极乐鸟只产一枚卵）。当雄鸟从养育的职责中解脱出来后，就可以把精力完全集中到如何让自己变美，以及如何成为雌鸟倾心的交配对象上。由此，雄鸟的生活重心便转移到如何吸引更多的雌鸟和自己交配了。

只要这种可能性存在，雄鸟间的竞争就会变得空前激烈，因为只有最优秀的雄鸟才会受到雌鸟关注。要想脱颖而出，其中一个办法就是建立自己的领地，让对手远离你，这样就能在自家后院尽情展示自我。还有一种方法，即在求偶场内停留更长的时间，比别的鸟唱得更好，长出更漂亮的羽毛，或者创造出更多的精彩舞步。无论是哪一种情况，在自然选择的作用下，极乐鸟都会向着更华丽、更费时、更高品质的方向演化。

而一切的关键，就在这些水果身上。

对页：雄性蓝极乐鸟从它栖息的位置向后跌落，开始了它的求偶展示。

已灭绝

群岛，鸟类消亡之地

世界上有一种阴森的鸟类体验，任何人只要轻轻一点，就能感受到。试试访问康奈尔鸟类学实验室的麦考利图书馆（macaulaylibrary.org），搜索"*Psittirostra psittacea*"（鹦嘴管舌雀）。这种以夏威夷语的"O'u"命名的鸟类目前只有几段录音，其中包括1964年在考艾岛高地阿拉卡伊沼泽的考艾溪木屋（Koaie Stream Cabin）录制的一段声音。这段录音音质并不好，但仍然听得出来这种鸟宣示领地的曲子音调纯正悦耳，略有些沙哑，其中夹杂着一些颤音。一位作家讴歌道："在纯度、甜美和力量上，鹦嘴管舌雀的歌声远远超过了唱得最好的金丝雀。"H.W.汉肖显然钟情于这种鸟儿，他在沉思录中写道："不幸的是，鹦嘴管舌雀是一种十分惜声的鸟类，听者往往只能从片段中猜想完整的曲调是怎样的。"

哦，甚至只要有片段存在就已经很满足了，毕竟这种鸟在野外，在任何地方都看不到了。经过多年的种群衰退，到了1989年2月17日，最后一只活着的鹦嘴管舌雀在录音的同一地点被人看到。在夏威夷已灭绝鸟类名单中，这不过是最新的一个。名单中还包括40种已知的夏威夷旋蜜雀中将近一半的物种。灭绝原因有很多：森林砍伐、生境退化、动植物入侵、外来蚊子引发的疟疾、气旋和致命的火山喷发，等等。多年来，夏威夷的生态环境每况愈下。这个太平洋的岛链曾经拥有非常丰富的地区性动植物资源，但这些珍贵的宝藏却一个接一个地消失了。与世界上其他地方不同的是，夏威夷的物种灭绝一直在上演，这场悲剧延续到了今天。

当我们讨论物种灭绝的时候，我们时常会忘记其带来的影响。部分是因为知名的灭绝事件往往发生在很久之前，从恐龙到渡渡鸟（*Raphus cucullatus*）再到旅鸽（*Ectopistes migratorius*），最后一个是在1914年消失的。我们往往会猜想远古生物过着怎样的生活，但面对一些现代灭绝的生物，我们却难以释怀。灭绝的鸟类往

往更为人知。它们的许多特征——生活习性、生态环境、鸣声——被人们记录在案。但这些鸟儿活着的时候，它们也曾深刻地影响着周围的生态环境。

再次以鹦嘴管舌雀为例。作为所在科里体型较胖的鸟类，鹦嘴管舌雀体长约17厘米，喙尖有一个明显的弯钩。这种鸟全身呈暗绿色，雄鸟的头部是奶油色。它曾经在夏威夷的主要岛屿上都有分布，主要以岛上随处可见的蔓露兜（*Freycinetia arborea*）为食。鹦嘴管舌雀会吃这种树的果子、花朵、花序周围的苞片。它大部分时间都停留在蔓露兜上，可能是这种树最重要的授粉者。如果不是蔓露兜挂果的季节，

上图：鹦嘴管舌雀只是近年来夏威夷陆地上持续灭绝的鸟类中的一种。
人们最后一次见到它是在1989年。

鹦嘴管舌雀也会吃其他植物的果实。如果是盛产毛虫的时节，它也会以毛虫为食。不过，鹦嘴管舌雀并不是食性很单一的物种，它也会吃香蕉、桃子、番石榴等水果。

关键是，在与当地植物协同演化的过程中，鹦嘴管舌雀曾在传粉方面发挥了重要作用。但如今发挥这一作用的，也许是别的物种，也许根本就没有这样的物种。

夏威夷那些灭绝的旋蜜雀，它们曾经占据的生态位，现在可能已经空出来了。色彩斑斓的安娜黑领雀（*Ciridops anna*）以夏威夷金棕（*Pritchardia martii*）的花序为食，而夏威夷钩嘴雀（*Dysmorodrepanis munroi*）则是以岛上的荨麻科植物果实为食。许多已灭绝的鸟类以花蜜为食，其中包括摩洛凯岛的黑监督吸蜜鸟（*Drepanis*

上图：华丽的镰嘴管舌雀生动地提醒着人们夏威夷岛屿上奇妙的鸟类多样性。

funerea）和主岛的夏威夷监督吸蜜鸟（*D. pacifica*），这两种鸟类都以当地丰富的半边莲为食。还有长嘴导颚雀（*Hemignathus obscurus*）也是如此。还有许多以种子为食的鸟类也消失了，比如夏威夷的科纳松雀（*Chloridops kona*）。R.C.L. 珀金斯（R.C.L.Perkins）曾在 1895 年记录到，科纳松雀以夏威夷拟檀香（*Myoporum sandwicense*）为食。它的食物主要是檀香的种子……由于这些果实非常小，科纳松雀把大量的时间都用来打碎果实坚硬的外壳……当这些鸟儿进食的时候，它们不断敲打果实的声音，从很远的地方也听得到，因此很容易就能找到这种鸟。科纳松雀的灭绝对夏威夷拟檀香造成的影响没有人知道。我们也不知道像监督吸蜜鸟这样的鸟类对它们授粉的半边莲有多大的影响。在如今的夏威夷仍有类似的传粉者，如常见的镰嘴管舌雀（*Drepanis coccinea*）。如果能了解各种传粉者间是如何竞争的，想必能获得非常有趣的发现。然而我们已经错失这样的机会了。

今天，当你在夏威夷的森林里观鸟，为你没有看到的物种感到遗憾时，你也许会与那些再也无法看到的物种产生共鸣。黎明时分，你在夏威夷听到的鸣声和其他时候并没有什么不同——在繁殖季里，鸟儿们整天都在鸣唱，黎明时分的歌声并不

会更加热烈。这个黎明合唱团会不会和灭绝的小鸟一起消失？另外在夏威夷岛上，各种鸟儿常混杂在一起觅食，这是热带雨林里的典型现象。每年在夏威夷岛上，繁殖季过后有一段很短的时间，各种鸟儿会大量聚集。这些鸟儿，尤其是以花蜜为食的鸟类，是否曾经一年四季都在这片森林里生生不息？考艾岛曾经以高度协同的混杂鸟群而闻名，其中包括已灭绝的短镰嘴雀（*Hemignathus lucidus*）和考艾大喙雀（*Akialoa stejnegeri*）这样的艳绿色和黄色鸟儿。如今当地鸟群的数量已经大大减少，偶尔才能见到鸟儿聚集成群。毫无疑问，已灭绝鸟种对于鸟群数量的锐减有着直接关系。也许活着的鸟儿也没必要再聚集成群了？鸟儿们之所以聚集，原因之一就是身处群体中更容易发现捕食者。也许这些鸟儿的天敌也消失了？

有一点可以肯定，夏威夷森林的心脏，已经千疮百孔。物种灭绝对环境造成的影响，长期以来一直被人们忽略。一个物种一旦灭绝，它对生态的贡献、美妙歌声以及与之相关的一切皆成为过眼云烟。鸟类并非遗世独立的个体。一个物种消失以后，它的猎物、伙伴和竞争对手都会做出改变，整个栖息地也会发生变化。当一个物种消失后，承载这一物种的森林也失去了一部分颜色。

拓展阅读

相关网站

除了以下列出的书籍以外，还有许多网站在编写本书的过程中提供了非常宝贵的信息，其中最常用的包括：

北美鸟类在线
bna.birds.cornell.edu/bna

国际鸟盟 *www.birdlife.org*

鸟声 *www.xeno-canto.org*

每日科学 *www.sciencedaily.com*

谷歌学术 *www.scholar.google.co.uk*

参考书目

Brooke, M. (2004). *Albatrosses and Petrels across the World*. Bird Families of the World 11. OUP, Oxford.

Cramp, S. (ed.) (1988) *The Birds of the Western Palearctic*. Vol 5. Tyrant Flycatchers to Thrushes. OUP, Oxford.

Cramp, S., Perrins, C. M. & Brooks, D.J. (eds). (1993).*The Birds of the Western Palearctic*. Vol 7. Flycatchers to Shrikes. OUP, Oxford.

Cramp, S., Perrins, C. M. & Brooks, D.J. (eds). (1994). *The Birds of the Western Palearctic*. Vol 8. Crows to Finches. OUP, Oxford.

Cramp, S. & Simmons, K.E.L. (eds.) (1983) *The Birds of the Western Palearctic*. Vol 3. Waders to Gulls. OUP, Oxford.

Davies, N.B. (2010). *Cuckoos, Cowbirds and Other Cheats*. A&C Black, London.

Davies, S.J.J.F. (2002). *Ratites and Tinamous*. Bird Families of the World 9. OUP, Oxford.

Davis, L.S. & Renner, M. (2003). *Penguins*. T. & A.D. Poyser, London.

del Hoyo, J., Elliott, A. & Christie, D.A. eds. (2003). *Handbook of the Birds of the World*. Vol 8. Broadbills to Tapaculos. Lynx Edicions, Barcelona.

del Hoyo, J., Elliott, A. & Christie, D.A. eds. (2007). *Handbook of the Birds of the World*. Vol 12. Picathartes to Tits and Chickadees. Lynx Edicions, Barcelona.

del Hoyo, J., Elliott, A. & Christie, D.A. eds. (2009). *Handbook of the Birds of the World*. Vol 14. Bush-shrikes to Old World Sparrows. Lynx Edicions, Barcelona.

del Hoyo, J., Elliott, A. & Christie, D.A. eds. (2010). *Handbook of the Birds of the World*. Vol 15. Weavers to New World Warblers. Lynx Edicions, Barcelona

del Hoyo, J., Elliott, A. & Christie, D.A. eds. (2011). *Handbook of the Birds of the World*. Vol 16. Tanagers to New World Blackbirds. Lynx Edicions, Barcelona.

del Hoyo, J., Elliott, A. & Sargatal, J. eds. (1994). *Handbook of the Birds of the World*. Vol 2. New World Vultures to Guineafowl. Lynx Edicions, Barcelona.

del Hoyo, J., Elliott, A. & Sargatal, J. eds. (1996). *Handbook of the Birds of the World*. Vol 3. Hoatzin to Auks. Lynx Edicions, Barcelona.

del Hoyo, J., Elliott, A. & Sargatal, J. eds. (1999). *Handbook of the Birds of the World*. Vol 5. Barn-owls to Hummingbirds. Lynx Edicions, Barcelona.

del Hoyo, J., Elliott, A. & Sargatal, J. eds. (2002). *Handbook of the Birds of the World*. Vol 7. Jacamars to Woodpeckers. Lynx Edicions, Barcelona.

Elphick, C., Dunning, J.B. Jr. & Sibley, D. (2001). *The Sibley Guide to Bird Life and Behaviour*. Chanticleer Press, Inc.

Ferguson-Lees, J. & Christie, D.A. (2001). *Raptors of the World*. Christopher Helm, London.

Frith, C.B. & Beehler, B.M. (1998) *The Birds of Paradise*. Bird Families of the World 6. OUP, Oxford.

Frith, C.B. & Frith, D.W. (2004). *The Bowerbirds*. Bird Families of the World 10. OUP, Oxford.

Gaston, A.J. (2004) *Seabirds: A Natural History*. T. & A.D. Poyser, London.

Hansell, M. (2000). *Bird Nests and Construction Behaviour*. CUP, Cambridge.

Hume, J.P. & Walters, M. (2012) *Extinct Birds*. T. & A.D. Poyser, London.

Kaufman, K. (1996). *Lives of North American Birds*. Peterson Natural History Companions. Houghton Mifflin, Boston.

Kirwan, G. & Green, G. (2011). *Cotingas and Manakins*. Helm Identification Guides. Christopher Helm, London.

Loon, R. & Loon, H. (2005). *Birds: The Inside Story. Exploring birds and their behaviour in southern Africa*. Struik, Cape Town.

Marchant, S. & Higgins, P.J. (co-ordinators). (1990). *Handbook of Australian, New Zealand and Antarctic Birds*. Volume 1. Ratites to Ducks. RAOU/OUP Australia.

Newton, I. (2008). *The Migration Ecology of Birds*. Elsevier/Academic Press, London.

Otter, K.A. ed. (2007) *Ecology and Behaviour of Chickadees and Titmice, An Integrated Approach*. OUP, Oxford.

Perrins, C.M. ed. 2003. *The New Dictionary of Birds*. OUP, Oxford.

Pratt, H. D. (2005) *The Hawaiian Honeycreepers*. Bird Families of the World 13. OUP, Oxford.

Rowley, I. & Russell, E. (1997). *Fairy-Wrens and Grasswrens*. Bird Families of the World 4. OUP, Oxford.

Simpson, K. & Day, N. (1999). *Field Guide to the Birds of Australia*. 6th edition. Penguin Books Australia, Ringwood, Vic.

Scott, G. (2010) *Essential Ornithology*. OUP, Oxford.

Tickell, W.L.N. (2000) *Albatrosses*. Pica Press, Sussex.

Wells, D.R. (1999). *The Birds of the Thai-Malay Peninsula*: Vol 1: Non-Passerines. Academic Press, London.

主题词及内容索引

致 谢

图片来源

本书作者和出版商对以下照片的使用授权表示感谢。

扉页 David Tipling/FLPA; I Tim Laman/naturepl.com; III Frans Lanting/FLPA; IV Richard Du Toit/Minden Pictures/FLPA; VI Â© Biosphoto , Patrice Correia/Biosphoto/FLPA; 1 Dave Pressland/FLPA; 3 Richard Brooks/FLPA; 5 Markus Varesvuo/naturepl.com; 7 Roger Powell/naturepl.com; 8 Yoram Shpirer; 9 Jose B. Ruiz/naturepl.com; 11 Roger Powell/naturepl.com; 13 Wim Weenink/Minden Pictures/FLPA; 14 Duncan Usher/Minden Pictures/FLPA; 16 Wim Weenink/Minden Pictures/FLPA; 19 Photo Researchers/FLPA; 20 Adri Hoogendijk/Minden Pictures/FLPA; 23 Paul Hobson/FLPA; 26 Richard Du Toit/Minden Pictures/FLPA; 29 Neil Bowman/FLPA; 30 Neil Bowman/Shutterstock; 33 Martin Maritz/Shutterstock; 34 Frans Lanting/FLPA; 35 Chris & Tilde Stuart/FLPA; 37 Suzi Eszterhas/Minden Pictures/FLPA; 39t Nik Borrow; 39b Neil Bowman/FLPA; 43 Ignacio Yufera/FLPA; 44 Michael Gore/FLPA; 46, 48 Richard Du Toit/Minden Pictures/FLPA; 51 Neil Bowman/FLPA; 52 Martin Hale/FLPA; 55 Bernard Castelein/naturepl.com; 57 Chien Lee/Minden Pictures/FLPA; 59 Harri Taavetti/FLPA; 60 Markus Varesvuo/naturepl.com; 63 GoPause/Shutterstock; 64 Erica Olsen/FLPA; 67 Hanne & Jens Eriksen/NPL; 68 Miles Barton/naturepl.com; 71t Ingo Arndt/naturepl.com; 71b Phil Chapman/naturepl.com; 74 Konrad Wothe/naturepl.com; 77 William Osborn/naturepl.com; 78 Ian Montgomery; 81 Neil Bowman/FLPA; 82 Martin Willis/Minden Pictures/FLPA; 83 Rob Drummond, BIA/Minden Pictures/FLPA; 85 Ingo Arndt/Minden Pictures/FLPA; 100t David Hosking/FLPA; 100b Michael Gore/FLPA; 89 Konrad Wothe/Minden Pictures/FLPA; 91 Dave Watts/naturepl.com; 92t Kevin Schafer/Minden Pictures/FLPA; 92b Kerstiny/Shutterstock; 95 Dave Watts/naturepl.com; 97 Ian Montgomery; 98, 99 Peter Ware; 100 Frans Lanting/FLPA; 103 Scott Leslie/Minden Pictures/FLPA; 105 Jose Schell/naturepl.com; 107 Philippe Henry/Biosphoto/FLPA; 109 Elliotte Rusty Howard/Shutterstock; 111 S & D & K Maslowski/FLPA; 112 Frans Lanting/FLPA; 115 Tom Vezo/Minden Pictures/FLPA; 116 ImageBroker/Imagebroker/FLPA; 119 Konrad Wothe/Minden Pictures/FLPA; 121 Mark Moffett/Minden Pictures/FLPA; 122 Kevin Elsby/FLPA; 125 Tui De Roy/Minden Pictures/FLPA; 127 Murray Cooper/Minden Pictures/FLPA; 128 Murray Cooper/Minden Pictures/FLPA; 131 Eduardo Rivero/Shutterstock; 132 Mark Caunt/Shutterstock; 133 Murray Cooper/Minden Pictures/FLPA; 135 Rich Lindie/Shutterstock; 137, 138 Christian Ziegler/Minden Pictures/FLPA; 141, 142 Murray Cooper/Minden Pictures/FLPA; 145 Michael & Patricia Fogden/Minden Pictures/FLPA; 146t Robin Chittenden/FLPA; 146b Frans Lanting/FLPA; 149 ImageBroker/Imagebroker/FLPA; 150 Frans Lanting/FLPA; 153 Tui De Roy/Minden Pictures/FLPA; 155t Frans Lanting/FLPA; 155b Konrad Wothe/Minden Pictures/FLPA; 156 Pete Oxford/Minden Pictures/FLPA; 159 Frans Lanting/FLPA; 160 Martin Hale/FLPA; 161 Jaap Vink/Minden Pictures/FLPA; 163 Chris & Monique Fallows/naturepl.com; 165 Fritz Polking/FLPA; 166 Frans Lanting/FLPA; 168 Kevin Schafer/Minden Pictures/FLPA; 169 Pete Oxford/Minden Pictures/FLPA; 171, 172 David Hosking/FLPA; 175 Kevin Schafer/Minden Pictures/FLPA; 176t Yva Momatiuk & John Eastcott/Minden Pictures/FLPA; 176b, 179 Frans Lanting/FLPA; 180, 183, 185 Tui De Roy/Minden Pictures/FLPA; 187 Konrad Wothe/Minden Pictures/FLPA; 188 Tim Laman/naturepl.com; 189 Wikipedia Commons/Michael Lusk; 190 Martin Willis/Minden Pictures/FLPA; 193 Roland Seitre/naturepl.com; 197 Alain Compost/Biosphoto/FLPA; 198, 199 Tim Laman / National Geographic Stock/naturepl.com; 200 Tim Laman/naturepl.com; 203 Wikipedia Commons; 204 Frans Lanting/FLPA.

作者致谢

写书的过程虽然很孤独，但本书的完成离不开各方的支持。在此，我想向我的妻子卡罗琳（Carolyn）和孩子埃米（Emmie）和山姆（Sam）表示衷心的感谢，感谢他们一直以来对我的爱，让我保持理智。说到理智，我还要感谢丽莎·托马斯（Lisa Thomas）。在写作工程中，她对我表现出了极大的耐心。本书的著成，足以证明她的专业和坚持。最后，感谢所有努力寻找鸟类的研究者和科学家，他们在不经意间为我提供了许多素材。